文化服饰大全

服饰造型讲座 ❷

裙子·裤子 （修订版）

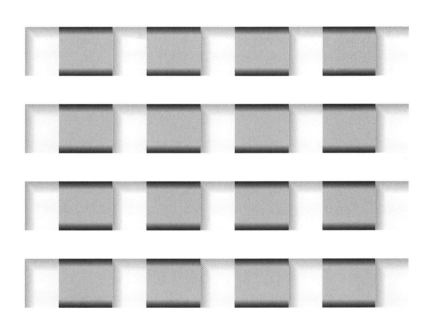

日本文化服装学院　编

宋丹　译

东华大学 出版社·上海

图书在版编目（CIP）数据

服饰造型讲座.②,裙子·裤子/日本文化服装学
院编;宋丹译.-- 修订版.-- 上海:东华大学出版社,
2025.1
（文化服饰大全）
ISBN 978-7-5669-2293-9

Ⅰ.①服… Ⅱ.①日…②宋… Ⅲ.①服装-造型设
计 Ⅳ.① TS941.2

中国国家版本馆 CIP 数据核字 (2023) 第 222484 号

文化ファッション大系改訂版·服飾造形講座② スカート·パンツ
本书由日本文化服装学院授权出版
版权登记号：图字 09-2021-0339 号
BUNKA FASHION TAIKEI KAITEIBAN • FUKUSHOKU ZOKEI KOZA 2: SKIRT • PANTS
edited by EDUCATIONAL FOUNDATION BUNKA GAKUEN BUNKA FASHION COLLEGE
Copyright©2009 EDUCATIONAL FOUNDATION BUNKA GAKUEN BUNKA FASHION COLLEGE
All rights reserved.
Original Japanese edition published by EDUCATIONAL FOUNDATION BUNKA GAKUEN BUNKA PUBLISHING BUREAU
This Simplified Chinese language edition is published by arrangement with
EDUCATIONAL FOUNDATION BUNKA GAKUEN BUNKA PUBLISHING BUREAU, Tokyo
in care of Tuttle-Mori Agency, Inc., Tokyo through Pace Agency Ltd., Jiang Su Province.

责任编辑：徐建红
版式设计：上海三联读者服务合作公司

文化服饰大全
服饰造型讲座②（修订版）

裙子·裤子
QUNZI·KUZI

日本文化服装学院　编
宋丹　译

出　　版：东华大学出版社
（上海市延安西路 1882 号 邮政编码：200051）
出版社网址：dhupress.dhu.edu.cn
天猫旗舰店：dhdx.tmall.com
营 销 中 心：021-62193056　62373056　62379558
印　　刷：上海盛通时代印刷有限公司
开　　本：890 mm x 1240 mm 1/16
印　　张：13.25
字　　数：460 千字
版　　次：2025 年 1 月第 1 版
印　　次：2025 年 1 月第 1 次印刷
书　　号：978-7-5669-2293-9
定　　价：58.00 元

序

    1980 年开始，为了培养服装产业的专业人员，日本文化服装学院对服装相关的各领域教学课程进行了专业细分，并编写了《文化服饰大全》新教材。

    这一系列教材可分为以下四套教材：

    《服饰造型讲座》：教授广义的服饰类专业知识及技术，培养最广泛领域的服装专业人才。

    《服装生产讲座》：培养服装生产产业的专业人员，包括纺织品设计员、销售员、服装设计师、服装打板师及生产管理专业人员。

    《服饰流通讲座》：是服饰流通领域的专业教材，主要针对造型师、买手、导购员、服装陈列师等，也适用于培养服饰营销类专业人才。

    与以上三套教程相关的，还有讲解色彩、时装画、服装史、服装材料等基础知识的《服装相关专业讲座》，它们共同组成了四套核心教程。

    《服饰造型讲座》是学习与服装造型相关的综合知识及制作工艺技术的教程，能启发学习者的创造力以及培养其对美的感受。

    学习者首先应学习服装造型的基础知识，并了解各种基础服装品类的制作方法，然后再学习与服饰相关的其他知识及其应用。其次为了适应专业不断细分的服装产业，学习者还需要掌握丰富的专业知识，具备高超的技术能力。

    在"制作就是创造商品"的意识下，如果想要学习技术，就请仔细研究与阅读此教程。

目录

第1章　裙子 ·· **13**

第 2 章　裤子 125

前　言

在重新编辑《文化服饰大全》系列教材时，文化服装学院对"服装制作的测量项目"进行了独家研究，并以学生为实验对象进行了人体测量。另外，学院还对不同尺寸的原型进行了试穿实验，修订了以年轻女性为对象的原型及标准尺寸，同时对这个年龄层次的制图方法进行了重点研究。

《服饰造型讲座》共分 5 册，包括《服饰造型基础》和服装品类分册《裙子·裤子》《女衬衫·连衣裙》《外套·背心》和《大衣·披风》。

为了便于初学者学习，《裙子·裤子》在介绍裙子与裤子历史变迁的同时，对其相关设计知识、样板制作基础的人体尺寸测量、基于测量尺寸的作图理论，以及各种轮廓造型的展开、作图及样板展开的方法等作了详细的介绍。

关于实样制作则以量体裁衣高级女装的缝制方法为基础，并在书中加入了大量的图解，对裁剪、假缝、试样、缝制等过程进行了浅显易懂的说明，进一步丰富了本书内容。

衷心希望所有学习服装制作并以成为专业人士为目标的人们能够从这本书中学到专业的知识与技术，借此提高自己的专业能力。

半紧身裙

碎褶裙

拼片裙

褶裥裙

9

裤裙

多节裙

宽松筒裤

直筒裤

紧身裤

吊钟裤

喇叭裤

陀螺裙

紧身裙

喇叭裙

第1章

裙子

skirt

1.1 裙子概述

裙子

裙子是覆盖女性下半身的服装，是最早出现在女装历史中的服装样式，一般不受年龄的限制，不同年龄的女性都可以穿着。不过在英国的苏格兰民族也有男性穿裙子的传统。

裙子英语称为 skirt、法语称为 jupe，日语大多数都称为スカート。一般情况下，对于套装之类的上下两件的组合服装来说，裙子是包覆女性下半身服装的总称，但对于上身与下身组合在一起的连衣裙来说，腰围线以下的部分通常也称为裙子。

裙子的变迁

公元前 3000 年

缠腰腰衣　　　　丘尼卡（筒形紧身衣）

裙子起源于公元前 3000 年左右，在古埃及时代，男女用布缠在腰间并打结，在腰部把布卷起或相互缠绕。

13—14 世纪

立体造型的萨科特裙

进入 13—14 世纪，随着收省、波浪、拼缝（插片）等缝制技术的发展，裙子从以前的平面结构转变成立体的造型，从此男性和女性的服装有了区别，裙子成为女性的最基本服装。

16—18 世纪

加入法勒盖尔裙撑的　　　　加入帕尼尔裙撑的
16 世纪前开女裙样式　　　　波兰式罗布女裙样式

16—18 世纪开始服装全体装饰化，为了更好地体现裙子的造型，人们采用衬裙（环状支撑）人为地使裙子膨胀。典型代表有 16 世纪英国的法勒盖尔裙撑和 18 世纪法国的帕尼尔裙撑（从两侧加入衬裙使裙子向外张开的造型）。

帝国式高腰裙样式

克里诺林样式

巴斯尔样式

以法国革命（1789 年）为契机，取消了夸张的裙撑，而造型自然的帝国式高腰裙在 19 世纪闪亮登场。

到了拿破仑三世，其皇后欧仁妮成为社交界的引领者，克里诺林（下摆宽大的圆形衬裙）样式的着装风格开始流行。

19 世纪末的裙装用衬垫取代裙撑加在臀部，形成臀部隆起的造型。

20 世纪（现代）

迪奥的"新风貌"

库雷热的几何线条迷你裙

进入 20 世纪，经过两次世界大战，女性进入社会活动越来越多，受运动热潮的影响以及出于日常生活的需要，逐渐演变出功能性的裙子。

其中，裙长的变化受人瞩目，这也因此成为流行的最大要素。1947 年法国设计师克里斯汀·迪奥发布了"新风貌"款式，其裙长的变化最具特色。另外 20 世纪 60 年代英国设计师玛丽·匡特的迷你裙（膝上 20cm）和法国设计师安德烈·库雷热的迷你裙（膝上 5cm）的裙长也成了热议话题。20 世纪 60 年代后，出现了长裙（距地面 10cm）。随着流行的不断变化，裙子也出现了各种各样的长度及造型。

在重视个性的现代时尚流行中，裙子作为女性基本的下装，既可以与各种上装相结合，在材料、造型及裙长等方面加以变化，也可以根据自己的生活方式穿出不同的风格，乐在其中。

1.2 裙子的种类、款式、材料

随着时代的社会背景和生活方式的变化，裙子的设计款式也千变万化。在现代日常生活中，人们一般根据款式和裙长对裙子进行分类。

根据形态及材料分类

1）合身裙

合身裙的臀部松量少，侧缝线从臀部到裙摆垂直于地面，有些裙子在裙摆处变窄，为了增加步行时的活动量，在裙摆加入褶裥、开衩（有重叠量或无重叠量），以利于行走。

材料

合身裙的松量少，应选择撕裂强度高、结实且有弹性的面料。

毛织物：法兰绒、精纺麦尔登呢、华达呢、美丽诺、直贡呢、双面乔其纱、海力蒙、萨克森呢、苏格兰呢。

棉织物：牛仔布、凸纹布、灯芯绒、华达呢等。

另外，为了适应不同的季节和用途，也可使用麻、化纤等织物。

紧身裙

紧身裙的特点是从腰围至臀围比较合体，从臀围至下摆为直线型轮廓，是裙子中最基本的款式。

窄裙

窄裙的特点是从腰围至臀围合体，从臀围至下摆逐渐变窄。时代不同，其称呼也有所不同，有时也被称为紧身裙、锥形裙、铅笔裙。

紧身裙　　　　　　窄裙

作为活动量加入裙摆的褶裥和开衩

褶裥

褶裥是指把布折叠起来，根据裥的折叠方法不同而命名。

只在一侧有折山的叫单向裥，当两侧折山碰在一起时称为暗裥。

开衩

一种是细长的开衩，在开衩处无重叠量。

另一种开衩也被称为骑马衩，在里襟处有重叠量。

单向裥　　　　　暗裥　　　　　开衩　　　　　开衩
　　　　　　　　　　　　　　（无重叠量）　（有重叠量）

2）梯形裙

在法语中称为圆台裙，是裙摆较大的台形款式。

材料

与紧身裙大致相同。

半紧身裙

与紧身裙款式相似，从腰部到臀部紧贴合身体，裙摆稍微扩展，刚好适合行走。

半紧身裙

3）大摆裙

仅在腰部比较紧身的合体裙，裙摆呈圆弧形，运动时款型优美。另外，也有在腰部抽褶的碎褶裙。

材料

采用经纬向均有弹力、结构相同的面料为宜。尽量避免使用表面粗糙和易变形的面料。

毛织物：法兰绒、双面乔其纱、萨克森呢、精纺毛料等。

棉织物：棉府绸、棉缎等。

另外根据用途也可使用化纤织物。

喇叭裙

因造型像开放的牵牛花（喇叭花）形状而得名。这种裙子从腰围到裙摆的形状像牵牛花开放的样子，裙摆飘逸。

裙摆展开后形成整圆的裙称为圆摆裙，形成半圆的称为半圆裙。

碎褶喇叭裙

在腰围处加入碎褶的喇叭裙。

喇叭裙　　　　　圆摆裙

碎褶喇叭裙

4）多片裙

把裙样板分成几片，然后再拼合而成的款式称为多片裙，其造型有梯形、喇叭形等各种样式。

材料

多片裙的松量较少，最好选用结实有弹性的面料，喇叭裙适合使用轻薄柔软的面料。

拼片裙

由多片纵向分割的面料拼接而成的裙子，与其他款式的裙子相比，立体感强，造型优美，容易适合各种体型的人穿着。

可以自由设计裙片的数量，如4片裙、6片裙、8片裙等，也可以利用拼接缝加入波浪或褶裥。

鱼尾裙

是拼片裙的一种。臀部比较合体，裙摆打开后像美人鱼尾的造型，是富有动感的时尚裙款。

螺旋裙

为了形成蜗牛壳的造型，在裙子上加入螺旋状分割线，整体感觉像喇叭裙造型。

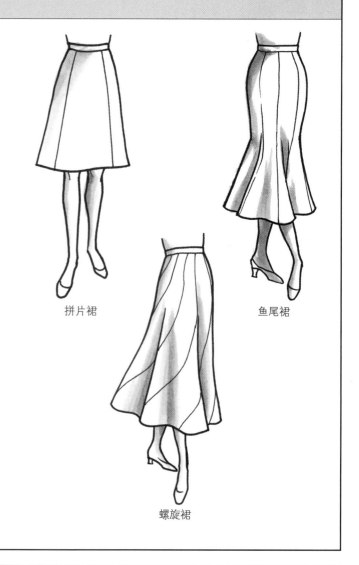

拼片裙　　鱼尾裙

螺旋裙

5）从腰围至臀围具有蓬松感的裙子

在腰部加入碎褶或褶裥，形成在臀围附近具有膨胀感的裙子，裙摆大小与合体裙相同，作为方便步行的活动量，需要加入开衩等。

材料

为了保持裙子的膨胀感，适合采用有弹性、有张力的面料，与紧身裙面料大致相同。

陀螺裙

因款式造型类似西洋梨形陀螺而得名。裙子的腰部膨胀，裙摆处收窄，为了产生膨胀感，应加入省道、褶裥、碎褶等。

筒裙

造型像圆筒，臀部略有膨胀，腰部和裙摆比较窄。

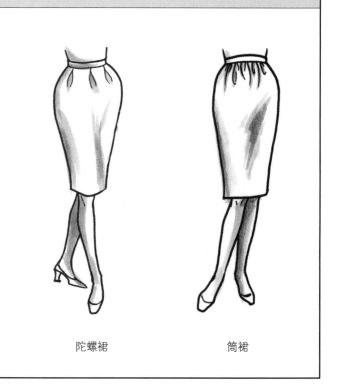

陀螺裙　　筒裙

6）褶裥裙

　　将面料按折痕折起，重叠部分即褶裥。根据面料、裥的折叠方法、裥宽、裙长的不同，褶裥裙既可作为运动休闲穿着，也可作为正装穿着。

材料

　　褶裥是由面料折叠而形成的，适合采用轻薄的面料，另外由于裥不易成型，最好采用定型性能好的涤纶混纺面料。

暗裥裙

　　所谓暗裥裙是在裙子上加入面料对折形成暗裥，一般在前中心、后中心裙摆处加入暗裥，适当增加活动量，以便于运动。

箱式暗裥裙

　　这是一种形状呈箱式造型，并加入暗裥的裙子。

单向褶裥裙

　　褶裥向同一个方向折叠，也称为车褶裙。裥宽越窄，裥的数量越多，穿着者越具时尚感。

伞褶裥裙

　　加入褶裥后裙摆随之张开，造型与伞相同的裙子。

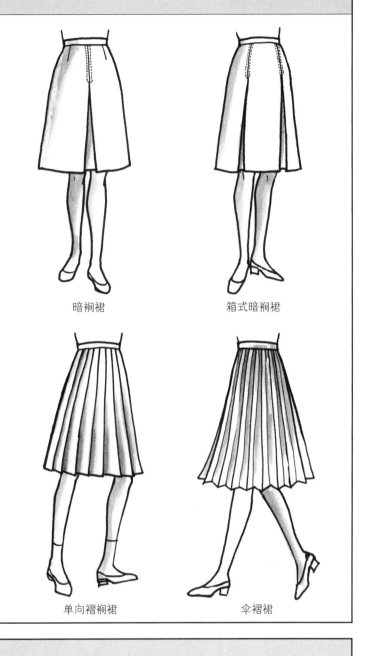

暗裥裙　　　　　　　箱式暗裥裙

单向褶裥裙　　　　　伞褶裥裙

7）裤裙

　　像裤子一样具有裤筒的裙子款式，其造型各异，既有松量很少的直筒裤裙，也有喇叭裤裙、褶裥裤裙。

材料

　　适合选用织造紧密、结实且有弹性的面料。

裤裙

　　裤裙，英语称为裙裤（divided skirt），原为女性骑马时穿着的裙子，主要是考虑其运动功能而设计，但现在从运动休闲到日常生活都可穿着，适用范围比较广泛。

裤裙

8）直线造型的裙子

这种裙子使用的是长方形的面料，经过在腰围处加入碎褶或褶裥，缝缩至腰围尺寸，然后缝装腰带而成。裙长和缝缩量也可以根据面料特性形成不同的特色，还可以进行设计，加入横向分割线等变化。

材料

因整体用料较多，所以选用轻薄有张力的面料为宜，又因为裙摆成直线，所以比较适合设计些花边作为装饰。

毛织物：乔其纱、薄型平纹毛织物。

棉织物：绒面布、棉缎、色织条格布、印花布等。

为了让穿着者显得更时髦，采用薄型真丝和化纤面料也比较适合。

碎褶裙

通过抽碎褶将面料缩缝至腰围尺寸，再缝装上腰带的裙子款式。

荷叶边裙

在裙摆处装饰荷叶边的裙子。

如荷叶边的宽度发生变化，再在荷叶边的边缘缝上蕾丝、缎带、蒂罗尔绣带等，会给人以华丽之感。

多节裙

分段抽碎褶并缝合而成的裙子。因裙摆处产生较多的量，会形成宽大的裙摆造型。在造型设计时不仅可以使用碎褶，还可以使用褶裥进行款式变化，从而形成喇叭状的造型。

活褶裙

褶裥的折痕柔软从而自由折起形成活褶的裙子。最好根据不同的面料改变褶裥的数量和大小。

碎褶裙　　　　　　　　荷叶边裙

多节裙　　　　　　　　活褶裙

根据裙腰形态分类

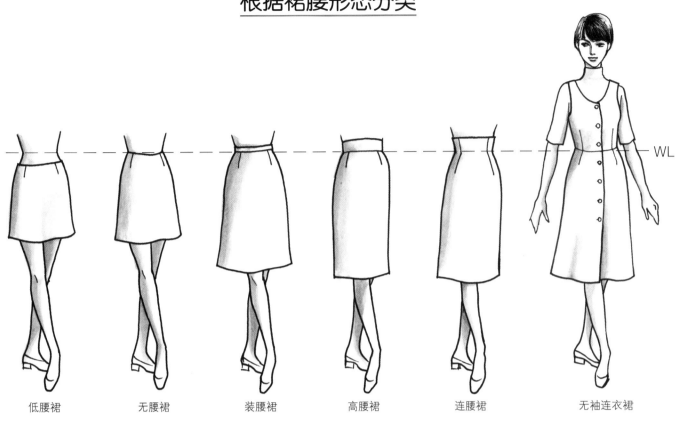

WL

低腰裙　　　无腰裙　　　装腰裙　　　高腰裙　　　连腰裙　　　无袖连衣裙

根据裙长分类

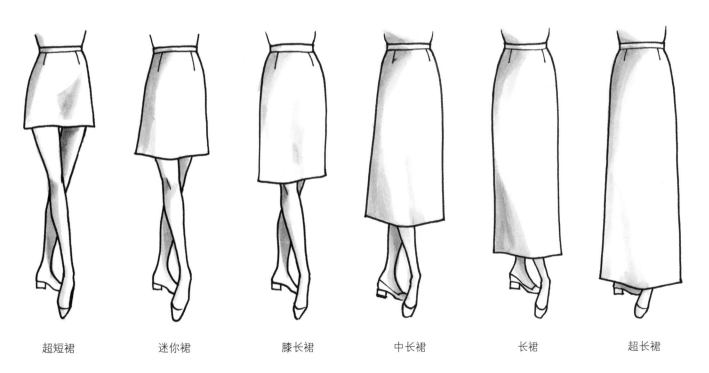

超短裙　　　迷你裙　　　膝长裙　　　中长裙　　　长裙　　　超长裙

1.3 裙子的功能性

裙子的形态需适合日常生活的动作，以不妨碍下肢运动最为重要。根据日常生活来分析，下肢的动作主要分为两种：

合起双腿的动作 …… 弯腰、坐下、盘腿；

打开双腿的动作 …… 走、跑、上下台阶。

裙子的腰围和臀围尺寸由于这些动作而产生变化，步行时裙摆需要一定的活动量，设计时考虑裙子的功能性是必需的。

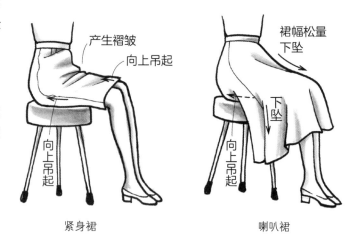

产生褶皱

向上吊起

向上吊起

紧身裙

裙幅松量下坠

下坠

向上吊起

喇叭裙

动作产生尺寸的变化

各种动作的幅度变化，根据体格和体型的不同而有所差别。弯腰、坐下时腰围加大 1.5~3cm，臀围加大 2.5~4cm。根据动作考虑尺寸的变化，制图时腰围加入 3cm 左右的松量，静止不动时若松量过多外型效果较差。在生理上有 2cm 左右的压迫感对身体没有太大的影响，所以腰围的松量 1cm 左右为好。

另外，松量较少合身造型的裙子在坐下时，因整体的松量少，后面会向上吊起，而造成尺寸不足，反之前面会产生余量的堆积，与站立时相比，裙长缩短。臀围松量多、裙摆变大的裙子，因裙子远离身体，当坐下时由于裙摆原因会使裙子变长。特别是迷你裙和长裙，在设计裙长时必须考虑这些因素。

行走与裙摆围的关系

裙子的摆围尺寸与步幅有直接的关系。如图表所示，平均步幅根据裙长和裙摆围尺寸而变化，裙长变长，裙摆围尺寸就必须变大。

合体造型的裙子，当裙长超过膝盖时，步行所需的裙摆量就变得不足，所以必须加入褶裥、开衩等调节量来弥补。开衩缝止点根据日常生活的动作，一般在膝关节以上 18~20cm 的位置比较适宜。

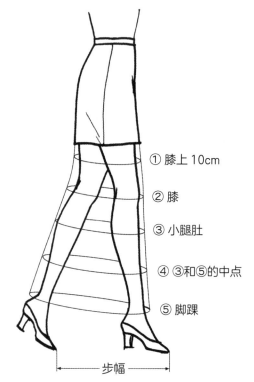

① 膝上 10cm

② 膝

③ 小腿肚

④ ③和⑤的中点

⑤ 脚踝

步幅

（单位：cm）

测量部位	步幅	① 膝上10cm	② 膝	③ 小腿肚	④ ③和⑤的中点	⑤ 脚踝
平均值	67	94	100	126	134	146

1.4 紧身裙（基本形）制图

紧身裙不分年龄，谁都可以穿着，是一款比较常见的款式。裙长可根据流行和个人的喜爱自由选择。根据裙长配合步行的运动量，可在后中心处加入开衩来弥补裙摆量的不足。

制图时，不仅可以在后中心加入开衩（有重叠量），也可以加入开衩（无重叠量）或褶裥，在前中心叠门开口处加装纽扣也是不错的选择。

材料选用素色、印花、格子花纹等面料，给人感觉变化丰富。

使用量 面布：幅宽150cm　　用量70cm
　　　　　面布：幅宽110cm　　用量140cm
　　　　　黏合衬：幅宽90cm　　用量25cm

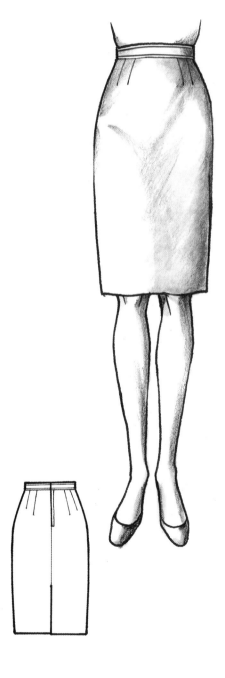

各部位名称

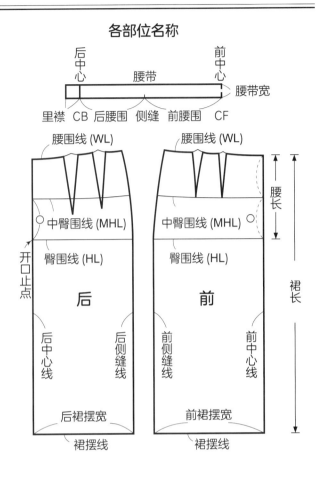

图1 20~29岁女性标准体型

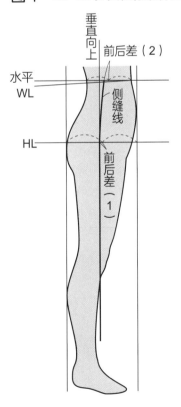

制图步骤

以右半身为基础进行制图。

① **绘制基础线。** 纵向画裙长，在腰长的位置横向画臀围线，长度是 $\frac{H}{2}$ 再加上日常生活所必需的基本松量2cm，绘制长方形。根据不同的体型，松量也可以设置为3cm。

② **绘制侧缝线以区分前后。** 从侧面看，比较均衡的侧缝位置是在二等分位置向后移动1cm，加大前裙片宽，作为前后差（参照第23页图1）。

在臀围线上前片宽为 $\frac{H}{4}$ +1（松量）+1（前后差），后片宽为 $\frac{H}{4}$ +1（松量）−1（前后差）。

③ **腰围必需尺寸及省量分配。** 在腰围尺寸上总体加上1cm作为日常生活所需的松量，把侧缝线从臀部向上延伸以保持均衡，如图1所示，绘制前后的腰围尺寸造型，在腰围线处加入2cm前后差，确定腰围的前后差。

腰围线处加入的前后差量2cm可根据臀部的突出程度而变化，臀部突出小的人前后差变小，前后省量差也随之变小。

④ **绘制从腰围至臀围的侧缝线和腰围线。** 在前腰围线量取必要尺寸（∅），把此处到侧缝线的余量三等分，并以弧线绘制前片腰围线。为了适应腰部的伸张动作，将腰围线向上起翘1~1.2cm。为了防止布纹变形，侧缝从腰围线到臀围线以适当的弧线画顺为好。

后片腰围线如图1所示，为了适应体型的变化，沿后中心线向下落0~0.5cm。

⑤ **确定省道的位置。** 让裙子看起来具有立体感，造型优美，省道的位置对此起到重要的作用。

无论从前面、后面、侧面各个方向来看，均衡感最好的省道位置是前后臀围尺寸三等分处，把该位置作为基准来确定省道，不管体型胖瘦，都可以保持良好的均衡感。

⑥ **绘制省道。** 20~29岁的女性标准体型，从侧面看如图1所示，后片臀围处突出的多，前腰围的量少，为了适应这种体型特征，省量在前裙片少、后裙片多是必要的。

前裙片省量的分配，是为了适应腰部伸张和大腿部的突出，与靠近前中心方向的省量相比，靠近侧缝的省量应该多一些。

后裙片因为省量大，可以均分在两个省道中。

省道的长度决定着是否能把臀部和腹部突出部位包覆得自然合体，看起来造型优美。前裙片省尖在中臀围位置，后裙片省尖在臀围线上方5~6cm，侧缝省与前裙片省有关联。另外省长根据省量也有不同。

对于中臀围腹部较突出的体型，制图时需要确认松量的配置。

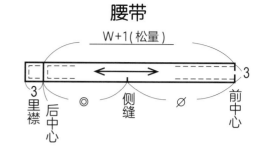

腰带

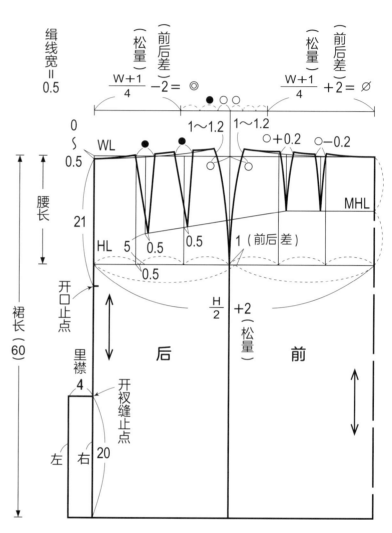

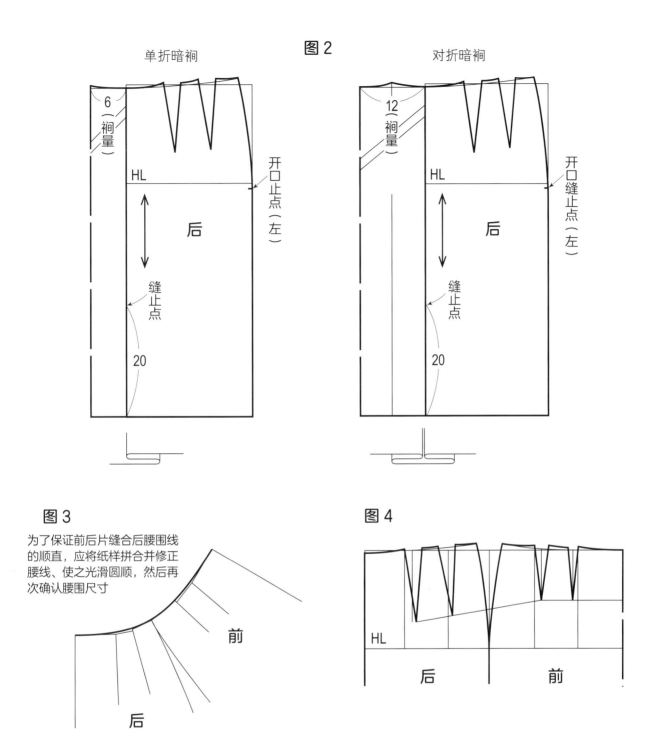

图2

单折暗裥　　　　　　　　　　　　　　　对折暗裥

6（裥量）

12（裥量）

HL

HL

后

后

开口止点（左）

开口缝止点（左）

缝止点

缝止点

20

20

图3

为了保证前后片缝合后腰围线的顺直，应将纸样拼合并修正腰线，使之光滑圆顺，然后再次确认腰围尺寸

前

后

图4

HL

后　　　　前

⑦ **绘制开衩。**开衩的长度根据裙长的不同而不同。为了适应日常运动，开衩的基本长度应是膝关节位置向上18~20cm。有暗裥的时候如图2所示，暗裥的折叠方法不同，裥量大小也不同。裥量应至少保持正常步行所需的运动量。

⑧ **确定拉链开口尺寸。**拉链开口尺寸必须满足穿脱所需，另外打开拉链时臀部必须能正常通过裙身。这个开口止点位置在臀围线以上或以下。制图时选用的是市面上购买的长20cm的拉链，其中1cm作为拉链头长。因后中心是直线，易于安装拉链，所以开口一般设置在后中心线上，也可在左侧安装拉链。

⑨ **绘制腰带。**制图时，图中腰带宽3cm。腰带宽要考虑与裙长相匹配，直线的腰带宽以2~4cm为佳。另外还要在腰带上加入与裙子缝合的侧缝、前后中心对位标记。

⑩ **绘制完成线。**在完成图的轮廓上加深绘制轮廓线。如图3所示，把省道闭合后的纸样复制到其他纸上并修正腰围线，然后展开修正后的纸样再进行复制（图4），并再次确认完成的腰围尺寸。最后标注纸样名称、布纹线，并作好对位记号。

1.5 设计展开与纸样制作

根据基础纸样进行纸样展开

利用基础纸样进行变化，能够将基本形紧身裙变成不同造型的裙子。

纸样展开的方法

① 复制基础纸样，加入切展线，将纸样进行切展的方法。

② 在基础纸样上加上切展线，在别的纸上复制纸样的方法。

以下图例以基础纸样腰围线上的省道为基准，进行纸样展开后绘制完成线。

纸样展开的基本方法（以紧身裙基础纸样为例）

A 合并省道展开方法

a 合并所有省道展开裙摆

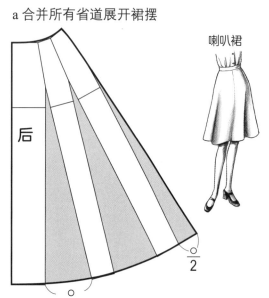

喇叭裙

b 根据裙摆展开量来确定省道闭合量

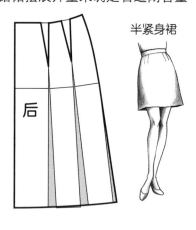

半紧身裙

B 以裙摆为基点在腰围处进行切展打开的方法

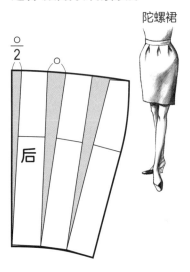

陀螺裙

C 上下差异展开方法

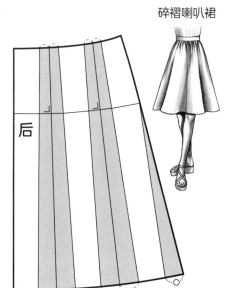

碎褶喇叭裙

D 平行展开方法

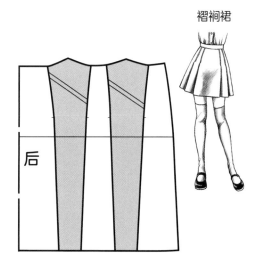

褶裥裙

半紧身裙

裙摆幅适中的裙子，和紧身裙相同，是不受年龄和体型限制，谁穿着都合适且比较广泛的大众款式。例如迷你紧身裙突显青春洋溢，中长半紧身裙则显得沉着稳重。

材料选用中厚毛料、棉、麻或厚的化纤织物为宜。

使用量　面布：幅宽150cm　用量70cm

　　　　面布：幅宽110cm　用量110cm

制图要点

关于臀围松量

这个款式中臀围处较合体，因裙子从臀部到裙摆逐渐离开身体，所以制图时臀围尺寸要在 $\frac{H}{4}$ 的基础上加 2cm 松量。

造型的决定方法

从臀围线向下 10cm，横向外侧取 1.5cm 与臀围线连接，上下分别延伸到腰围线和裙摆线，由此确定裙子的造型。

若横向外侧量取尺寸变少，则裙摆变小，款式造型逐渐合体；量取尺寸越大，裙摆越大，腰围线、臀围线、裙摆线的倾斜角度也随之发生变化（参照第 28 页图 1），省量也随之发生变化。

图例中，把腰围线在前后侧缝处抬高 2cm 以弧线画顺，臀围线几乎与裙摆线平行绘制新线。

关于省道的分配

若前腰围省量小，可参照图 2（第 28 页）所示，绘制单省也可以。

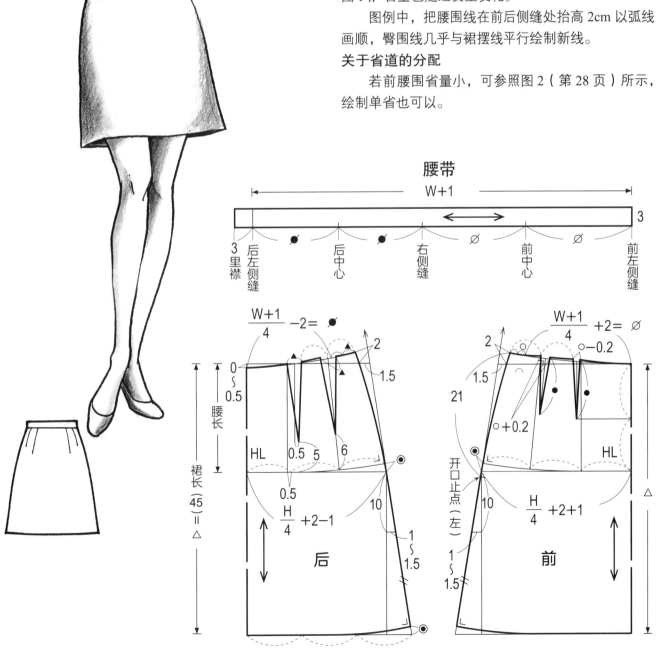

图1　根据裙子造型不同，腰围线
也随之变化

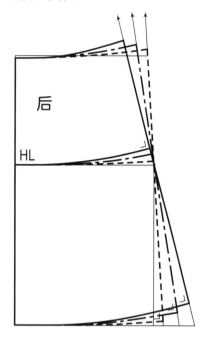

后

HL

图2　　　　　　单省

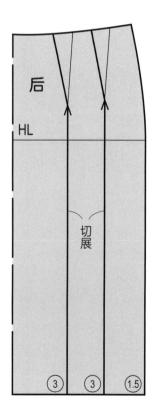

$\dfrac{W+1}{4}+2$

2

1.5

21

开口止点（左）

10

1.5

$\dfrac{H}{4}+2+1$

HL

前

根据紧身裙的纸样展开

① 确定裙摆的切展位置，从省尖点向裙摆作垂线。
② 从靠近前后中心侧的腰省至裙摆进行切展，以省尖点为基点，分别根据不同尺寸将裙摆进行切展，腰省有部分重叠。这时省量也会变小。

省量很少时，也可合并变成单省。
③ 根据裙长绘制裙摆线。
④ 腰带的纸样与前面第27页制图相同。

①

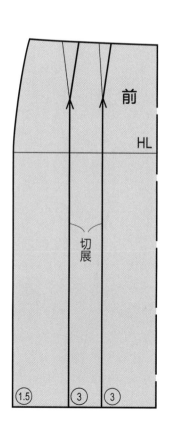

后

前

HL

HL

切展

切展

③　③　①.5

①.5　③　③

②

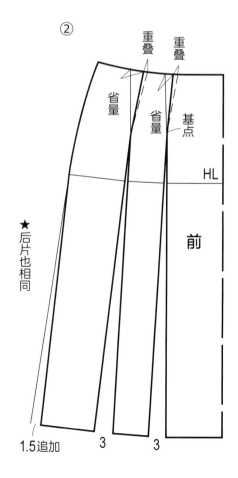

重叠　　重叠

省量　　省量　　基点

HL

前

★后片也相同

1.5追加　　3　　3

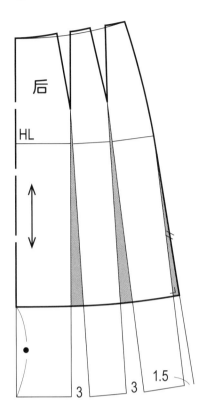

后

HL

3　　3　1.5

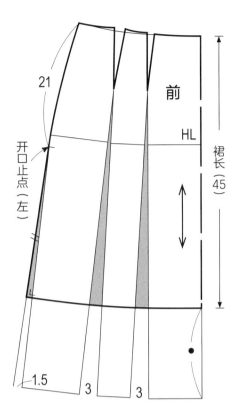

21

前

开口止点（左）

HL

裙长（45）

1.5　3　　3

单省

〈作图〉

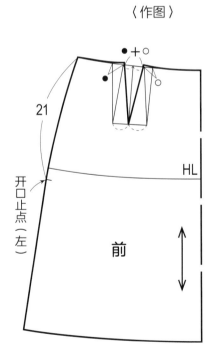

●＋○

●　　○

21

开口止点（左）

HL

前

〈切展方法〉

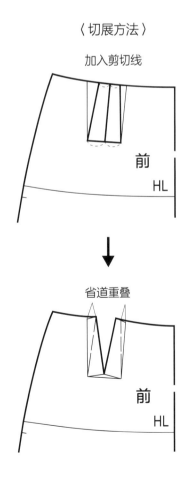

加入剪切线

前

HL

↓

省道重叠

前

HL

育克分割低腰裙

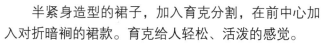

半紧身造型的裙子，加入育克分割，在前中心加入对折暗裥的裙款。育克给人轻松、活泼的感觉。

材料选用织造紧密的织物，如毛、棉、化纤、合成皮革等，厚的织物更好。

在这里列举以紧身裙和半紧身裙作为基础的2个纸样展开的方法。

使用量 面布：幅宽110cm　　用量150cm

　　　　面布：幅宽150cm　　用量120cm

　　　　黏合衬：幅宽90cm　　用量70cm

部件缝制工艺 装腰的缝制方法参照第109页

根据紧身裙的纸样展开

① 腰围线的位置下移作为新的腰围线，根据款式确定适当的育克宽和裙长，画出裙摆线和育克线。为了使育克外观上与侧面的线形成自然曲线，侧缝处育克宽比中心处加宽0.5cm。

② 从省尖点向裙摆画垂线，作为裙展开的切展线。在前中心加入裥，并在裙摆前中处加放1cm，使裙造型看上去美丽、稳重。

③ 闭合育克部分的省道，并修顺弧线，前后侧缝也用弧线画顺。

④ 育克以下的纸样进行切展（以半紧身裙的制图方法为基准），并在前中心加放出裥量。

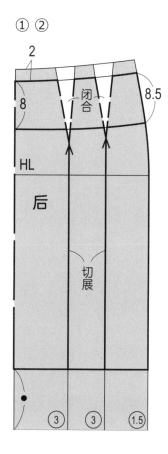

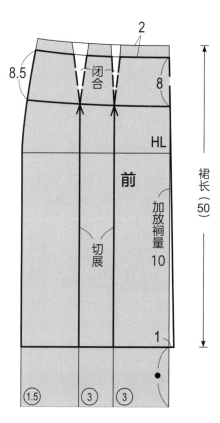

① ②

③ ④

后育克

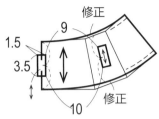

前育克

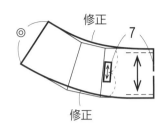

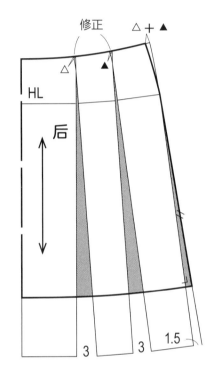

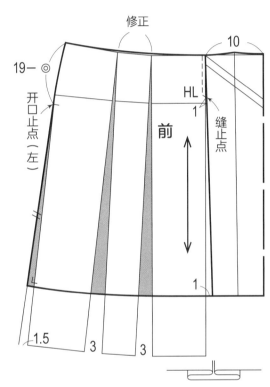

缉线宽 = 0.6

腰带

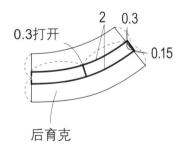

后育克

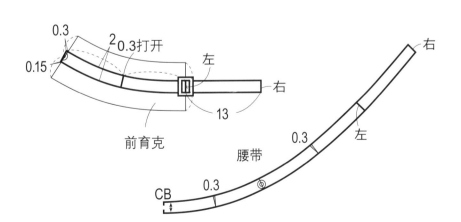

根据半紧身裙的纸样展开

① 与紧身裙纸样展开的方法相同（参照30页），首先制作育克纸样。

② 在前中心裙摆处加放1cm，再加放褶量。为了使裙片与育克尺寸相符合，在侧缝去掉一定量。

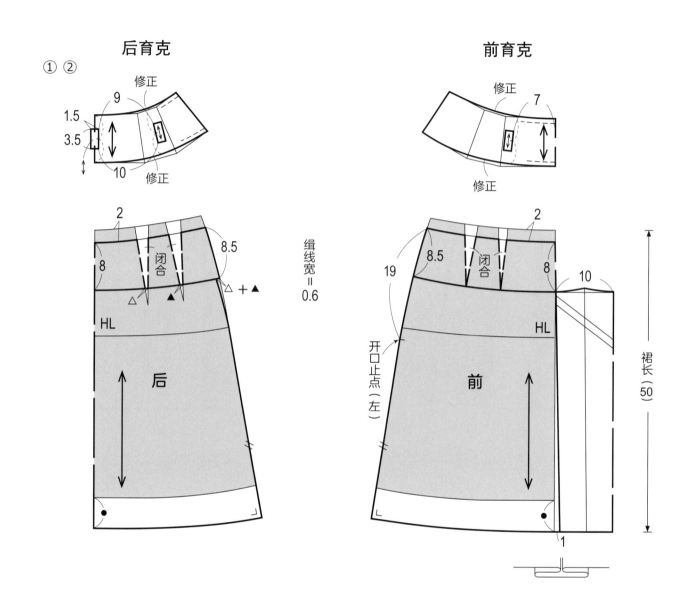

后育克

前育克

缉线宽＝0.6

拼片裙（6片式）

将多片梯形的面料缝合起来的裙子，一般有4片裙、6片裙、8片裙等。根据设计不同，可形成半紧身造型、喇叭造型、鱼尾造型等各种款式。另外如图1所示，在拼片裙的拼缝处加入三角形拼布，就变成美人鱼尾造型的裙子。

材料根据造型的不同而变化，裙摆喇叭较小时适合选用中厚的毛料、厚的棉布和化纤织物等；裙摆较大的喇叭造型，选用悬垂性较好的毛织物或乔其纱这类化纤织物为好。

使用量　面布：幅宽110cm　用量150cm
　　　　　　面布：幅宽150cm　用量110cm

图1

三角布

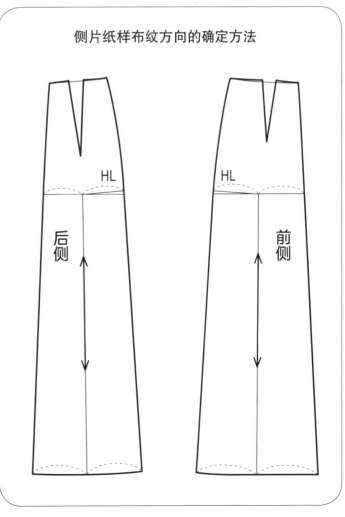

侧片纸样布纹方向的确定方法

HL　　HL

后侧　　前侧

制图要点

关于松量

该款式裙在中臀围处合体，延伸至裙摆处成自然张开放宽的造型，所以臀围线的松量比实际制图尺寸要多。

分割线的绘制方法

从靠近中心线的省尖向裙摆画垂线，把这条线作为基准，画出梯形的造型。在决定侧缝造型的引导线（臀围线下方 10cm 处）上，靠近中心线的拼片向外加放 1.2cm，靠近侧缝线的拼片向中心线方向加放 1.2cm 的 $\frac{1}{2}$ 即 0.6cm，由此连接省尖点与裙摆，绘制分割线。

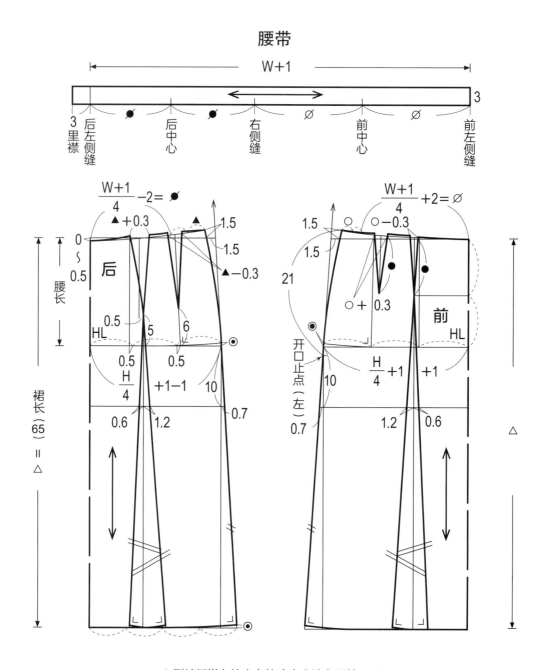

★侧片纸样布纹方向的确定方法参照第 33 页

根据紧身裙纸样展开

① 确定裙长，从省尖向裙摆作垂线，以这条线为基准画造型切展线。

② 在臀围线向下10cm处，定裙摆展开量。

③ 制作成前后侧片切开的纸样。

④ 侧片的布纹线在展开后纸样的中心处。

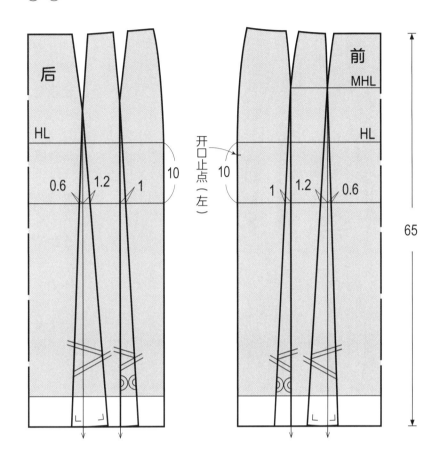

褶裥裙

褶裥裙是在半紧身裙腰省的位置加入褶裥，是一款适合运动并在运动时穿着比较漂亮的款式。

材料选用中厚和薄的毛织物、化纤织物较好。

使用量　面布：幅宽150cm　用量120cm

　　　　　面布：幅宽110cm　用量120cm

部件缝制工艺　缝装里布的缝制方法参照第114页

制图要点

从省尖点向裙摆作垂线，该线决定裙的造型，并在此处加入褶裥量。

在侧缝造型线上（臀围线向下10cm）左右各取0.6cm，与省尖点相连接，形成裙摆变大的造型，同时褶裥的加入提升了裙子的造型感。褶裥量在臀围线上确定，褶裥量的大小也可根据面料的幅宽来适当调整。

腰带

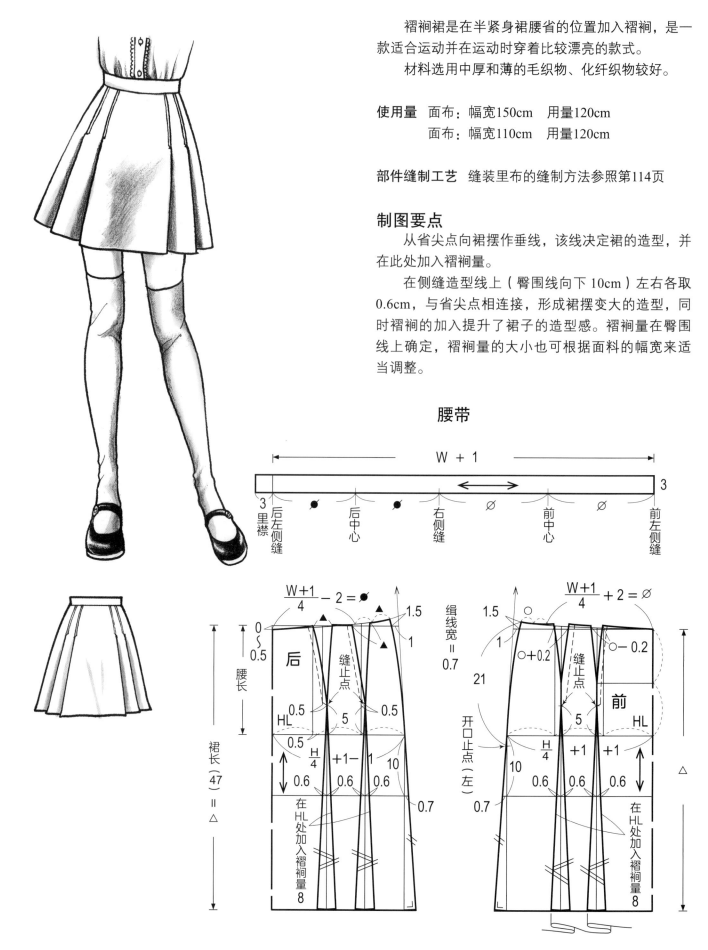

根据紧身裙纸样展开

① 确定裙长，从省尖点向裙摆线作垂线，以这条线为基准画造型切展线以及确定褶裥位宽。

② 在臀围线向下10cm处，定裙摆展开量。

③ 在臀围线处水平加入褶裥量。

① ②

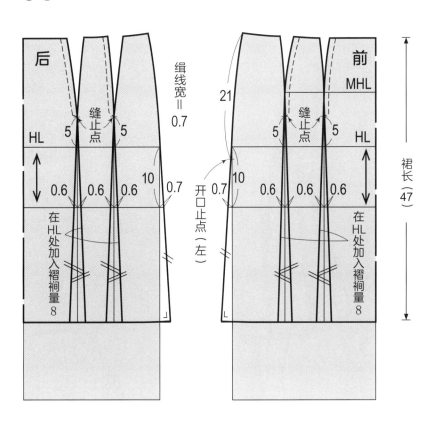

③ 加入褶裥量的方法

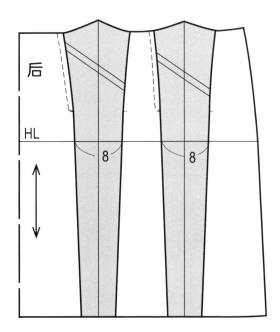
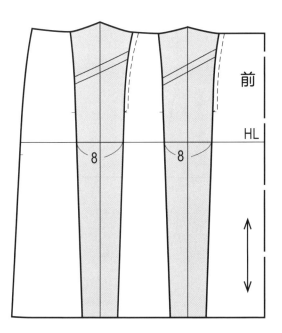

鱼尾裙（8片式）

鱼尾裙从腰部至膝盖位置比较合体，裙摆的造型像鱼尾，可以加入喇叭、碎褶、褶裥等，是一款具有美丽动感的款式。

A是在拼片裙上，直接加入裙摆展开量的方法，B是裙摆展开量另裁插片的方法，C是裙摆加入横向分割线的方法。C这种方法用料量少，就可达到同样的造型效果。

材料方面没有特殊要求。

A使用量　面布：幅宽150cm　用量180cm
　　　　　面布：幅宽110cm　用量230cm
B使用量　面布：幅宽150cm　用量170cm
　　　　　面布：幅宽110cm　用量230cm
　　　　　（交叉排料裁剪时用量200cm）
C使用量　面布：幅宽150cm　用量150cm
　　　　　面布：幅宽110cm　用量210cm
　　　　　（交叉排料裁剪时用量200cm）

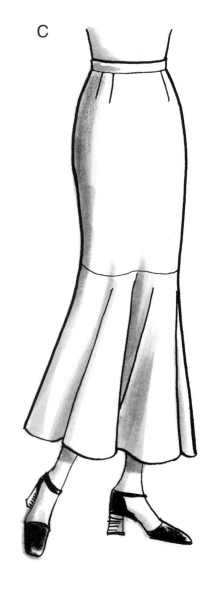

1）裙摆展开量的方法

制图要点

分割线、裙摆线的绘制方法

从靠近中心线一侧的省尖点往下作裙摆线的垂线，以这条线为基准来确定分割线（约在大腿的中央位置）。

将臀围线至裙摆线之间的距离 3 等分，在 3 等分处作分割线的辅助线，并把弧线画顺。

裙摆线与分割线应成直角，并把弧线画顺。

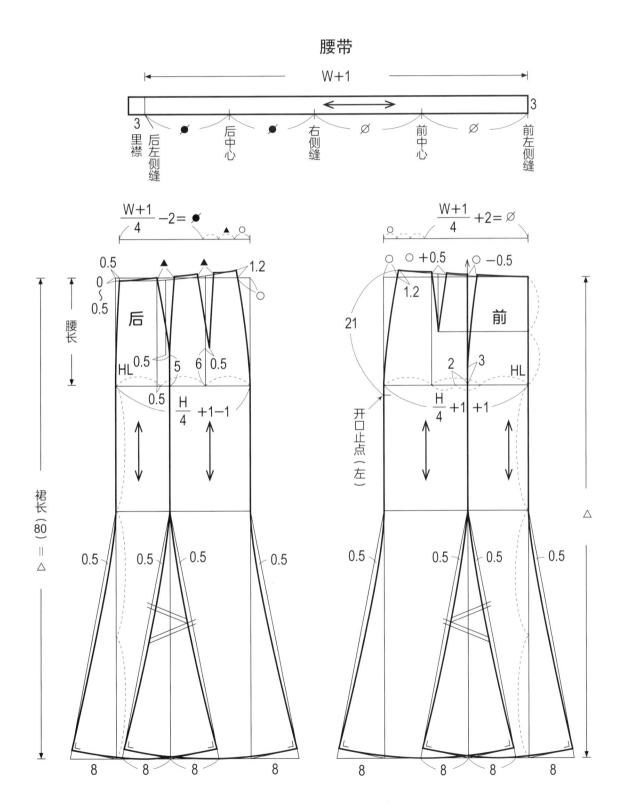

根据紧身裙的纸样展开

① 通过裙长的确定来确定分割线的位置。以前后中心侧的省尖点位置为基准，但前片中心侧的省道需向侧缝处稍稍移动。

② 将臀围线以下3等分，从3等分处以下加入展开量。

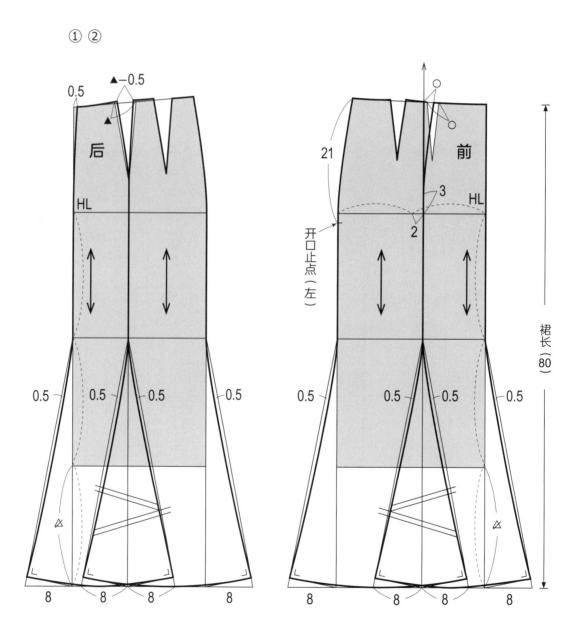

2）裙摆展开量另裁插片的方法

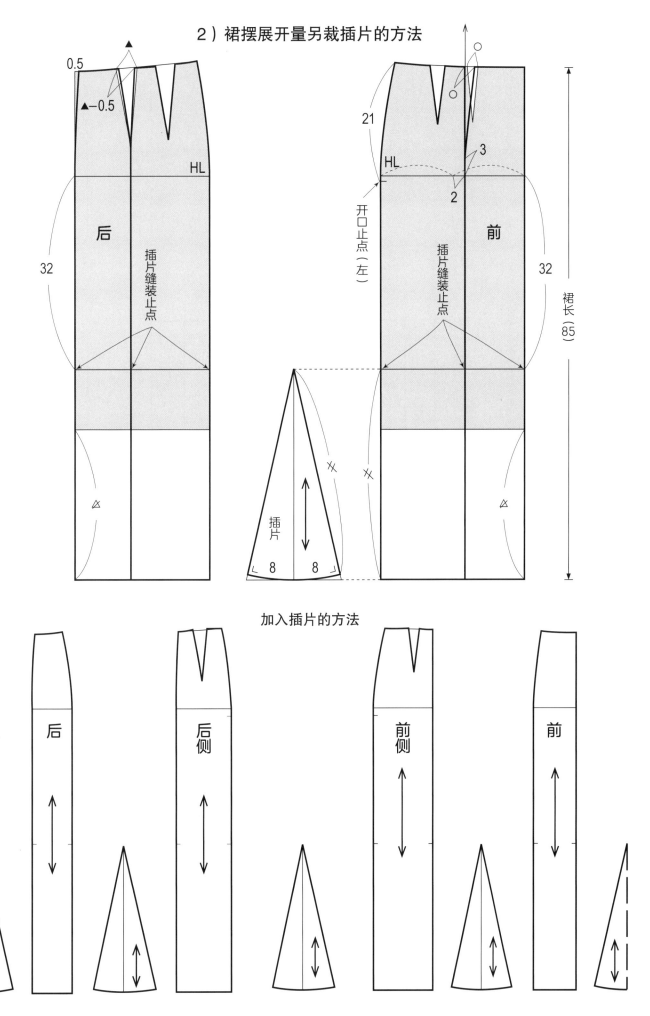

加入插片的方法

3）裙摆部分加入横向分割的方法

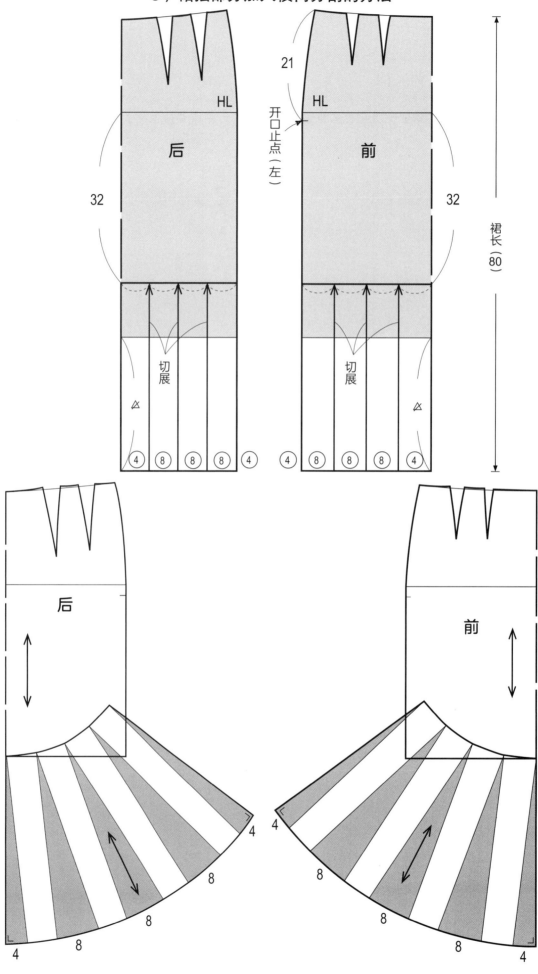

多节裙

多节裙是加入碎褶、塔克、褶裥等，横向分割成几段的款式，裙摆褶量多，在整体上有动感，行走时比较美观、华丽。改变各段面料的布纹方向，进行不同面料的组合，引起各种各样的变化，会产生有趣的效果。

材料选用棉、丝、化纤等轻薄且有张力的织物效果较好。

使用量　面布：幅宽110cm　用量210cm
　　　　　　面布：幅宽150cm　用量140cm

制图要点

多节裙用长方形的面料缝合而成，前后片可以一起制图。因松量较多，所以没有前后差也可以。多节裙的分割位置从上至下各段裙片应逐渐变长，这样给人以均衡稳定感。

碎褶、塔克、褶裥等量的多少是由面料的厚薄和造型来决定的。图例中采用中等厚度的棉布，所用褶量不会导致造型过于膨胀。若碎褶、塔克等量多，为了减少拼接，也可横向裁剪。

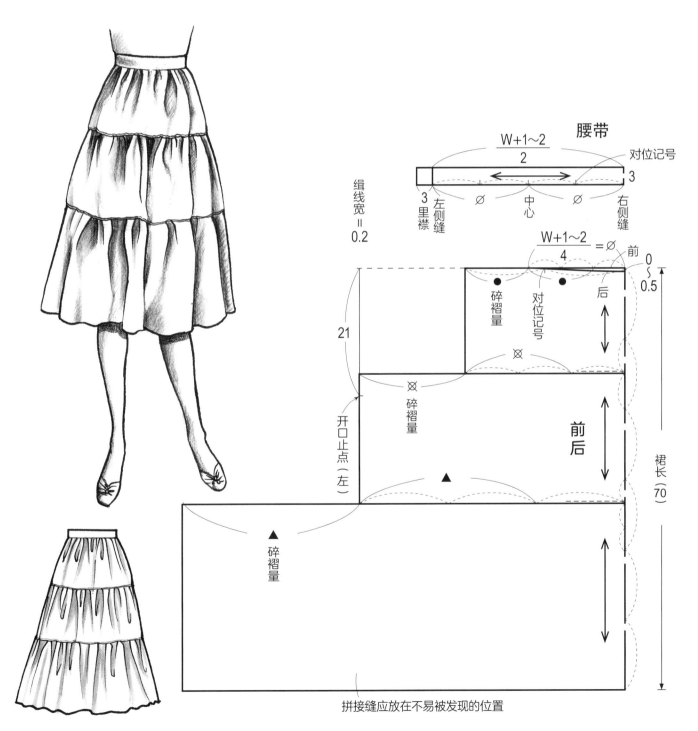

拼接缝应放在不易被发现的位置

碎褶裙

在腰围处加入碎褶的裙，有轻柔华丽之感，从传统服装到现代时尚流行的服装，碎褶裙都被广泛地使用。材料质地与碎褶量、碎褶的分配方法、裙子的膨胀感和造型均可根据设计进行变化。

纸样呈长方形，可采用印花面料，另外没有纸样的话可以直接在面料上用划粉做记号后裁剪。

因碎褶量较多，最好选用轻薄且有张力的面料。

碎褶量为腰围尺寸的倍数。为了做出美丽的裙子，可参考图1所示的面料种类和碎褶量的确定方法，确定碎褶量后建议先用真实面料小面积缝制看下效果。

使用量 面布：幅宽110cm　用量130cm

部件缝制工艺 碎褶抽缩的方法参照第116页

制图要点

裙摆的大小与腰部碎褶量的多少有直接关系。腰围线与裙摆线平行。如图1所示，先确定腰部碎褶量，然后确定腰围线，最后确定裙摆大小。

图1　碎褶量的确定方法

A 碎褶量约为腰围尺寸的0.7倍

中厚羊毛面料（苏格兰呢、华达呢、精纺毛料等）
厚棉面料（牛仔布、凸纹布等）

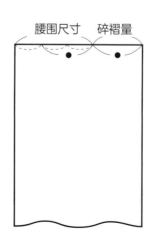

B 碎褶量与腰围尺寸相同

薄羊毛面料（平纹针织物、平纹梭织物、巴里纱等）
棉（棉府绸、棉缎等）
有张力的丝绸（塔夫绸、波纹织物等）

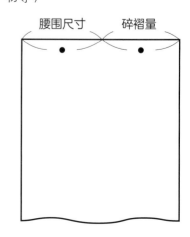

腰带

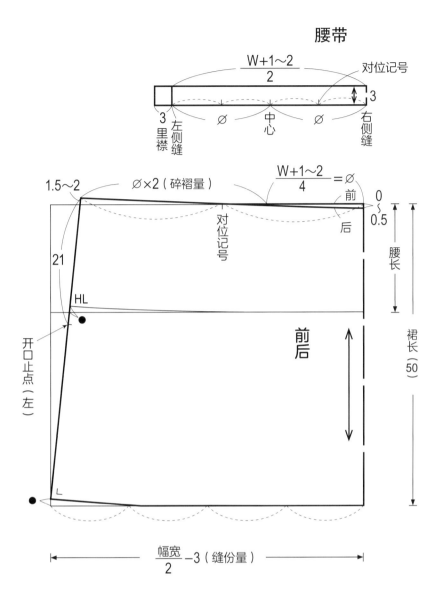

$$\frac{W+1\sim2}{2}$$

对位记号

3

$\varnothing$　中心　$\varnothing$

3
左里侧襟缝

右侧缝

1.5~2

$\varnothing \times 2$（碎褶量）

$$\frac{W+1\sim2}{4} = \varnothing$$

前

后

对位记号

21

0~0.5

腰长

HL

前后

裙长（50）

开口止点（左）

L

$$\frac{幅宽}{2} - 3 （缝份量）$$

C 碎褶量为腰围尺寸的 1.5 倍

薄棉布（色织条格布、上等细布等）
丝绸（双绉、绉绸等）

腰围尺寸　　碎褶量

$\varnothing$　$\varnothing$

D 碎褶量为腰围尺寸的 2 倍

薄料（乔其纱、雪纺绸等）

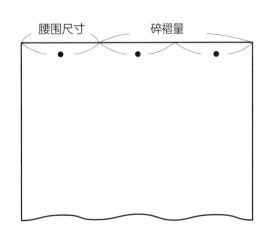

腰围尺寸　　碎褶量

活褶裙

折痕没有固定，是一款有柔软感和活动感的褶裥裙款，与碎褶裙款式相似，不过活褶裙整体的轮廓膨胀感不那么强，褶比较清晰可见。另外褶裥量和折叠方法不同也会给人耳目一新的感觉。

材料可以根据款式要求，以选用毛、棉、丝、化纤等织物为宜。

使用量 面布：幅宽110cm 用量165cm

制图要点

为了使前后褶的间距相同，前后片制图方法相同。

确定裙摆造型大小，然后分配褶裥。考虑到褶裥叠合后布的厚度增加，在腰围处加上2cm松量，扣除腰围尺寸$\frac{W+2}{4}$，将剩余部分作为褶裥量进行4等分，褶裥量可根据所使用的面料及布幅宽窄进行适当的增减。褶裥的间距，可根据前后中心部分稍微加宽来计算。将裙摆幅4等分，再确定褶裥消失位置，画出折叠线。褶裥折叠基础线是从腰围线向里进入10cm左右确定的。

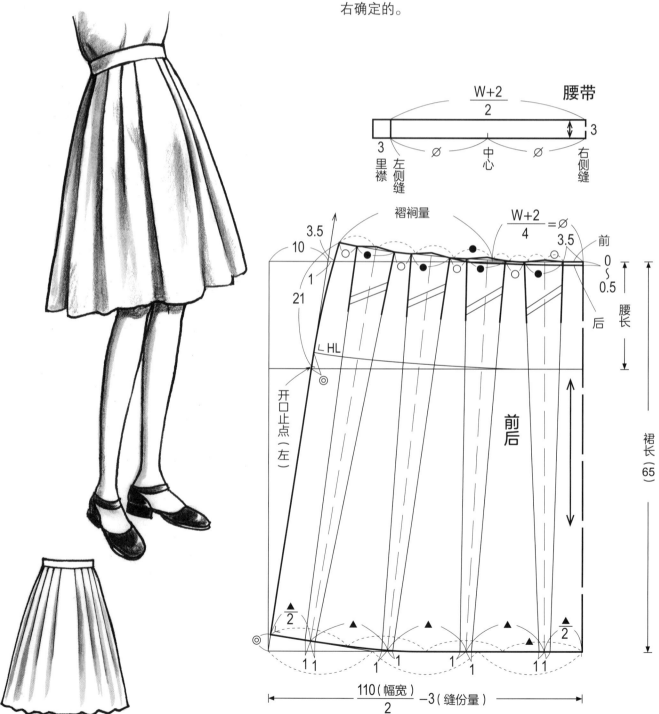

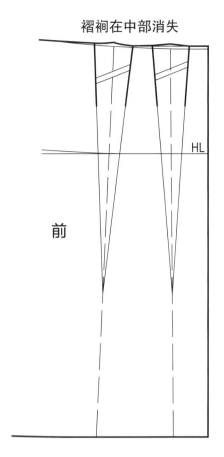

褶裥在裙摆处消失   褶裥在中部消失

HL   HL

前   前

褶裥量的折叠方法

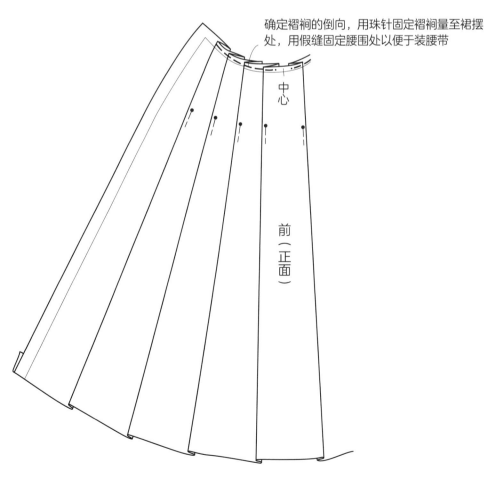

确定褶裥的倒向，用珠针固定褶裥量至裙摆处，用假缝固定腰围处以便于装腰带

中心

前（正面）

陀螺裙

裙上部膨胀鼓起，下摆收缩且造型类似陀螺的裙款。裙长以满足步行所需的活动量为宜，裙长变短的话平衡感会更好。

根据紧身裙的纸样展开。

材料适合选用轻薄有张力的面料。

使用量 面布：幅宽110cm 用量110cm

面布：幅宽150cm 用量65cm

根据紧身裙的纸样展开

① 确定裙长，然后在纸样中央加入切展线，并在这条线上取一个省。

② 以裙摆线上的点为基点，在腰围线展开8cm的褶裥量，在中心线增加一个4cm的褶裥量。褶的止点在臀围线上，然后根据褶的倒向画出合适的腰围线。

　　如果是抽碎褶，可以将碎褶量均分，不要集中在一个位置。

③ 修顺腰围线和裙摆线。

④ 绘制腰带纸样，并加入对位记号。

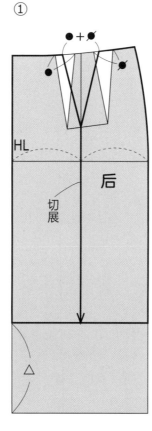

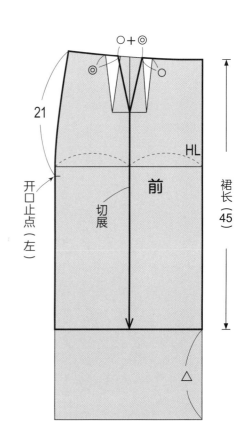

②～④

腰带

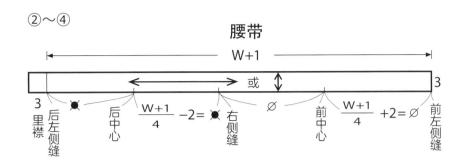

W+1

或

3　3

里襟

后左侧缝　后中心　$\dfrac{W+1}{4}-2=$●右侧缝　∅　前中心　$\dfrac{W+1}{4}+2=\varnothing$　前左侧缝

褶裥量
4

4　4

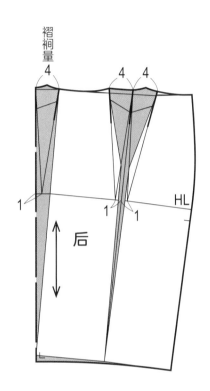

1　1　1

HL

后

褶裥量
4

4　4

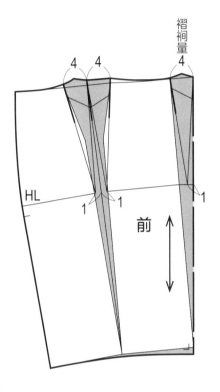

HL

1　1

1

前

抽碎褶

○
2

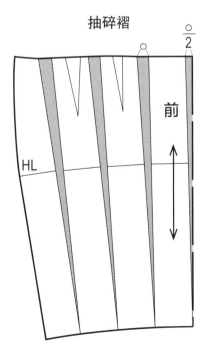

○

HL

前

喇叭裙（4片式）

裙身从腰围到裙摆逐渐变大的裙款。因裙摆宽大，运动起来很漂亮。通过使用不同材料和改变喇叭的大小，可以设计出各种各样的造型。

为了使喇叭裙摆均匀自然，以选用经纬向弹力均衡的面料为宜。

绘制纸样的过程中，喇叭量的展开方法可以根据圆周率进行分割。

喇叭量的展开方法

如图根据紧身裙的纸样进行展开。

A 确定喇叭量的展开方法

① 将前片2个省的省量修正成相同大小，然后从省尖点向裙摆作垂线。

② 确定展开量。图例是将紧身裙的裙摆幅增大至2倍。

将全部展开量5等分，计算出每个喇叭的展开量。

③ 将喇叭量进行展开。在前后侧缝处各加放出 $\frac{1}{2}$ 喇叭展开量，并与中臀围相连接。

④ 合并余下的省量，并在2个省的中间位置重新绘制省道。

使用量 面布：幅宽110cm 用量140cm

面布：幅宽150cm 用量140cm

部件缝制工艺 裙摆的缝制方法参照第117页

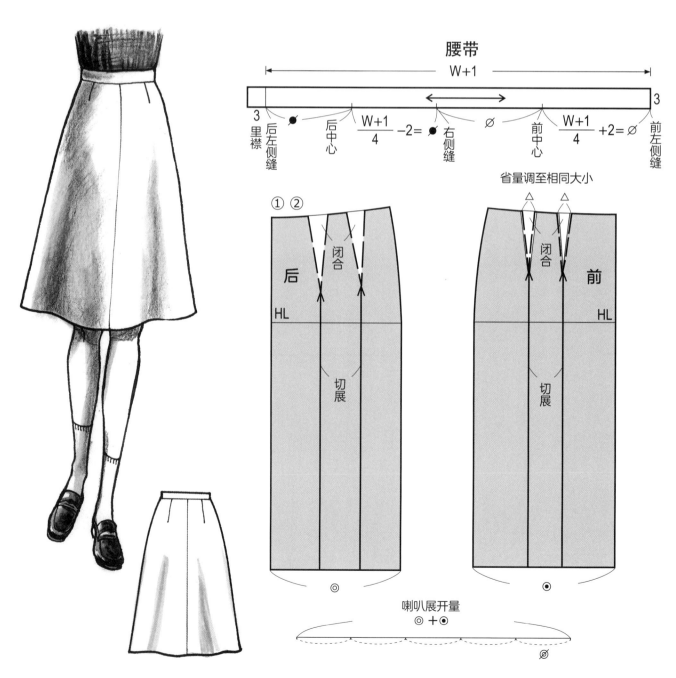

50

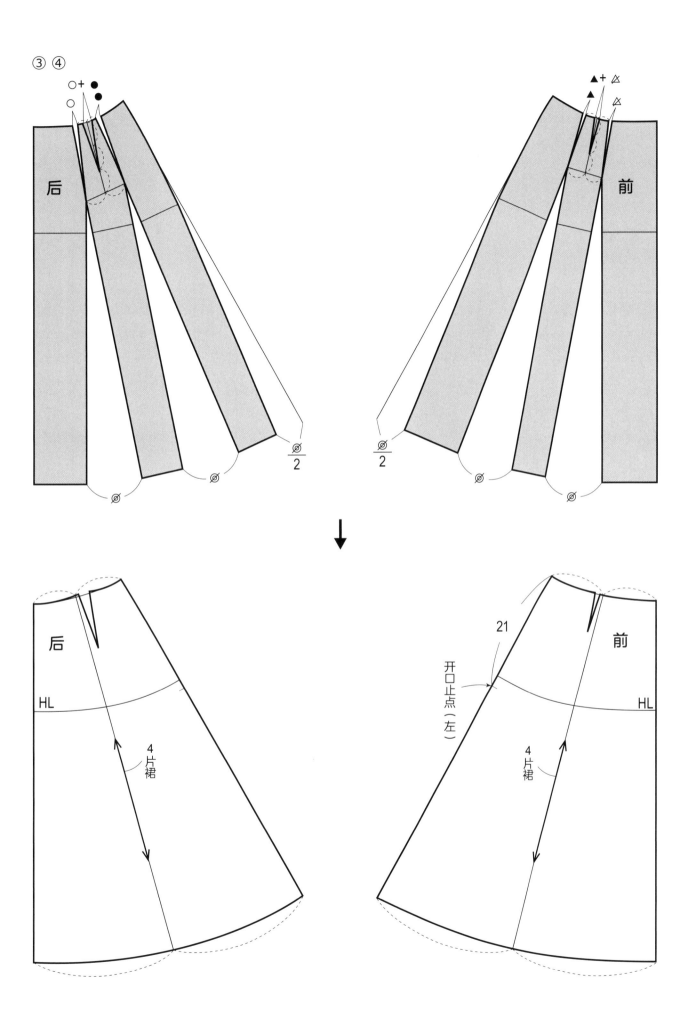

③ ④

后

前

后

前

HL

HL

4
片
裙

4
片
裙

21

开口止点（左）

B 省道合并裙摆展开的方法

① 从各省尖点向裙摆作垂线。

② 以省尖点为基点旋转纸样，将省量全部闭合，在裙摆处展开，在侧缝增加的展开量是喇叭量的 $\frac{1}{4}$。

使用量　连裁　　面布：幅宽110cm　用量140cm

面布：幅宽150cm　用量140cm

4片裙　面布：幅宽110cm　用量160cm

（腰带横裁）

面布：幅宽150cm　用量140cm

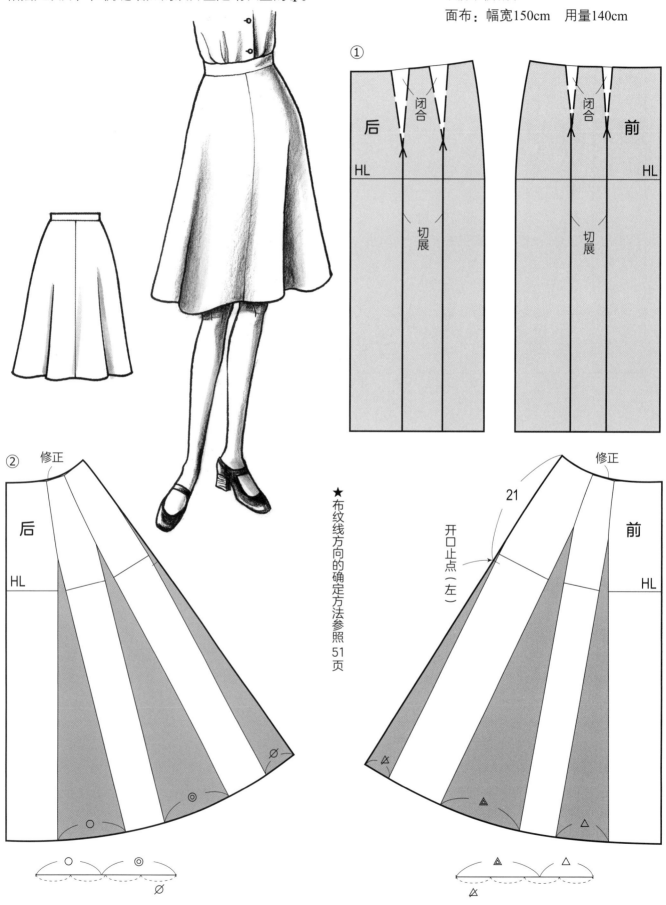

① 后　闭合　切展　前　闭合　切展　HL

② 修正　后　HL

★ 布纹线方向的确定方法参照51页

修正　21　前　HL

开口止点（左）

根据圆周率进行分割的方法

如图所示，圆裁的裙子根据喇叭量由小至大分为$\frac{1}{4}$圆、$\frac{2}{4}$圆（半圆）、$\frac{3}{4}$圆、$\frac{4}{4}$圆(全圆)，如果希望喇叭更大，也可全圆加半圆或2个全圆。

利用圆周率，根据腰围尺寸计算出圆的半径（r），并绘制圆。

确定前后中心，绘制布纹线方向。

裙片斜裁的位置会因受拉伸而变长，所以应在纸样上去掉因斜裁而伸长的量。

$$\frac{2}{4}\text{圆（半圆）裙}$$

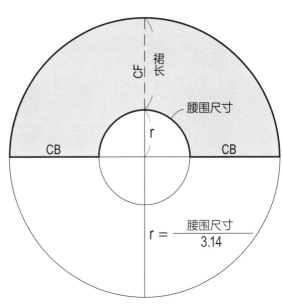

$$r = \frac{\text{腰围尺寸}}{3.14}$$

$$\frac{4}{4}\text{圆（全圆）裙}$$

圆周率 $\pi = 3.14$
圆周长（腰围尺寸）$= 2\pi r$

$$r = \frac{\text{腰围尺寸}}{2 \times 3.14}$$

$$r = \frac{\text{腰围尺寸}}{6.28}$$

$$\frac{3}{4}\text{圆裙}$$

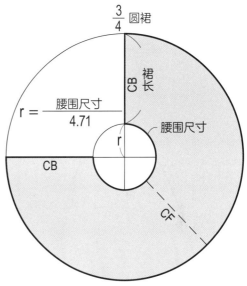

$$r = \frac{\text{腰围尺寸}}{4.71}$$

$\frac{1}{4}$圆裙若因中臀围尺寸不足，臀部突出较明显，可根据下图进行修正。

$$\frac{1}{4}\text{圆裙}$$

$$r = \frac{\text{腰围尺寸}}{1.57}$$

将臀围不足时在中心处加放出来的腰围尺寸在侧缝处去除，并画顺弧线。

一、圆摆裙（全圆）

① 利用圆周率，根据腰围尺寸计算出圆的半径，绘制 $\frac{1}{4}$ 圆。

② 确定裙长并绘制裙摆弧线。

③ 绘制后腰围线。在后腰围线上从后中心量取 $\frac{W+1}{4}$ 弧长，以弧线绘制侧缝线。

④ 在裙摆上去掉因面料斜裁而伸长的量。

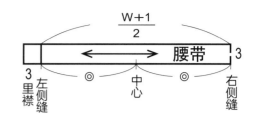

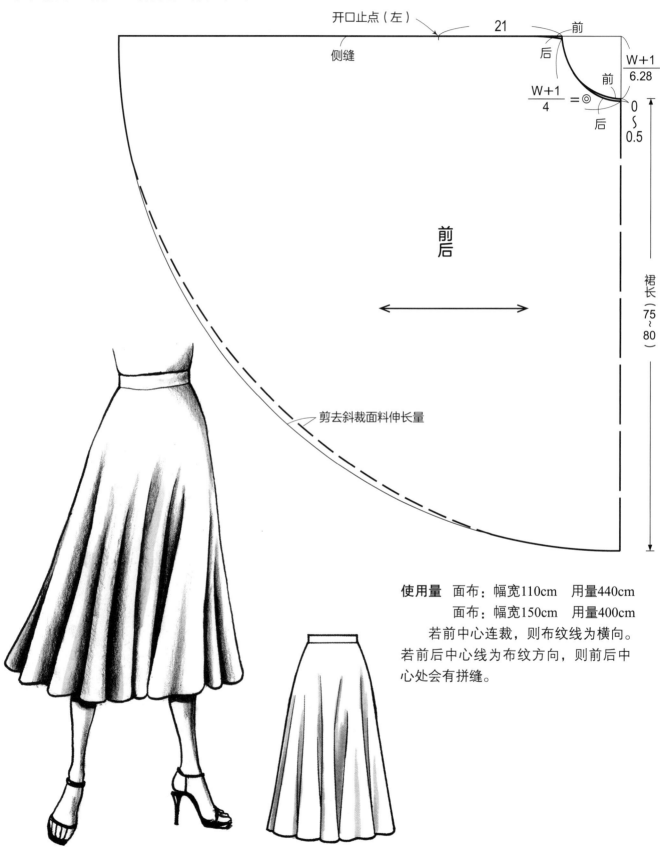

开口止点（左）　21　前

侧缝　后

$\frac{W+1}{6.28}$

$\frac{W+1}{4}$ = ◎　前　后

$0 \sim 0.5$

前后

剪去斜裁面料伸长量

裙长（75~80）

使用量　面布：幅宽110cm　用量440cm

面布：幅宽150cm　用量400cm

若前中心连裁，则布纹线为横向。

若前后中心线为布纹方向，则前后中心处会有拼缝。

54

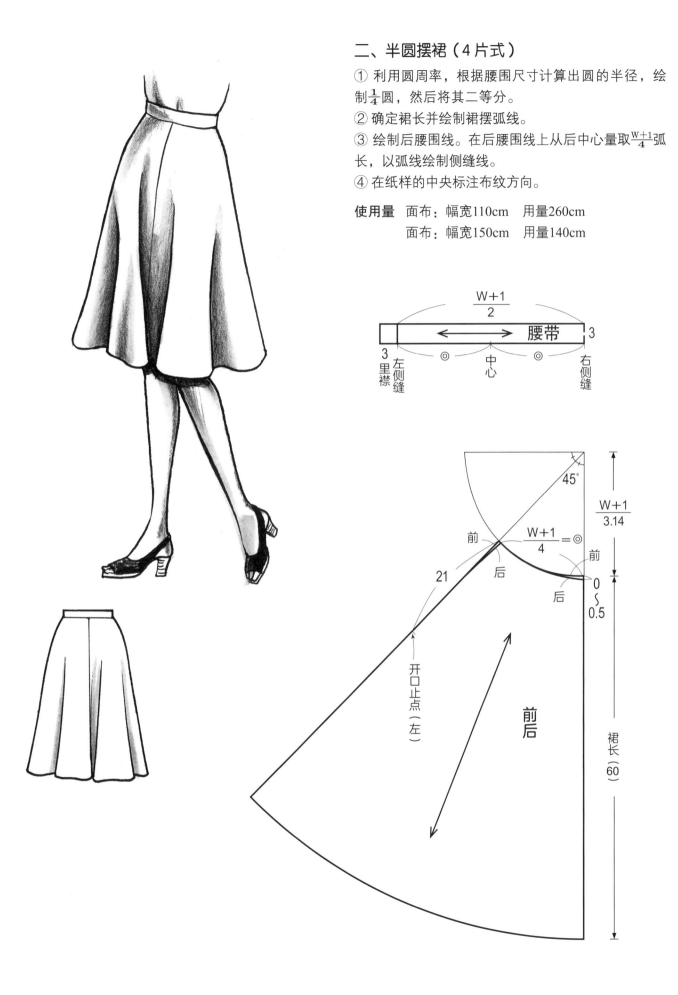

二、半圆摆裙（4片式）

① 利用圆周率，根据腰围尺寸计算出圆的半径，绘制$\frac{1}{4}$圆，然后将其二等分。

② 确定裙长并绘制裙摆弧线。

③ 绘制后腰围线。在后腰围线上从后中心量取$\frac{W+1}{4}$弧长，以弧线绘制侧缝线。

④ 在纸样的中央标注布纹方向。

使用量　面布：幅宽110cm　用量260cm

　　　　　面布：幅宽150cm　用量140cm

$\frac{W+1}{2}$

腰带

3

3　里襟　左侧缝　◎　中心　◎　右侧缝

45°

前

后

$\frac{W+1}{4}=◎$

前

后

$\frac{W+1}{3.14}$

0 ~ 0.5

21

开口止点（左）

前后

裙长（60）

碎褶喇叭裙（4片式）

这是一款喇叭造型的裙子，为了进一步体现量感而加入碎褶。

绘制纸样时，可以根据紧身裙的纸样在腰围上加入碎褶量，在裙摆上展开加入喇叭，也可以根据喇叭裙的纸样在腰围处展开加入碎褶量。

使用量　面布：幅宽110cm　用量280cm
　　　　　面布：幅宽150cm　用量140cm

根据紧身裙的纸样展开

① 确定展开的位置。

② 确定腰围碎褶量。从确定的碎褶量中除去省道量（▲+△），将剩下的部分7等分，如图例所示将碎褶量抽至与腰围尺寸一致。

③ 确定裙摆展开量。裙摆展开量是通过将紧身裙裙摆宽8等分来确定的。

④ 用②和③的计算数值汇总进行切展。

⑤ 绘制后腰围线。

⑥ 绘制腰带。

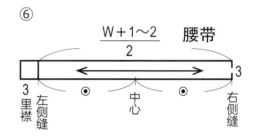

⑥

$$\frac{W+1\sim2}{2}$$　腰带

3　里襟　左侧缝　中心　右侧缝　3

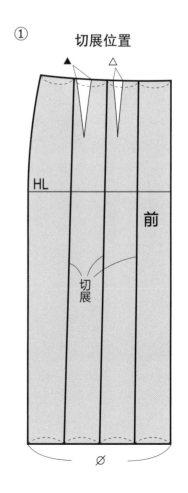

① 切展位置

▲　△

HL

前

切展

切展

∅

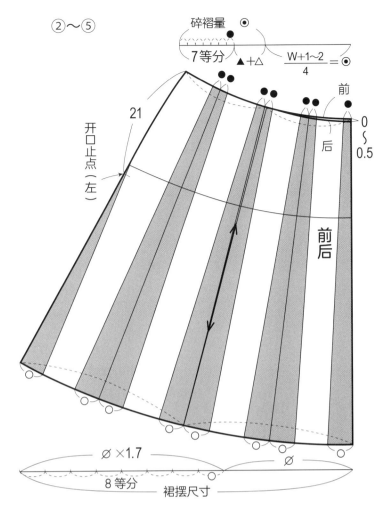

②~⑤

碎褶量 ⊙

7等分　▲+△　$\frac{W+1～2}{4}=⊙$

21

开口止点（左）

前

后

0～0.5

前后

∅×1.7　∅

8等分　裙摆尺寸

根据喇叭裙的纸样展开

也可以根据55页半圆裙进行纸样展开。所有的喇叭量都集中在裙摆处，只需要在腰围处展开碎褶量。

① 确定展开的位置。
② 确定腰围碎褶量。
③ 展开碎褶量。
④ 绘制后腰围线。

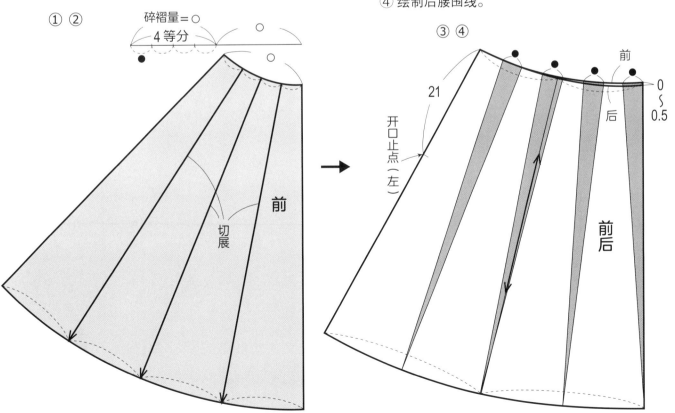

①②

碎褶量=○

4等分　○

前

切展

③④

21

开口止点（左）

前

后

0～0.5

前后

裤裙

从外观来看造型像是裙的裤子款式。该款便于活动，造型与裙子相同，也可以进行各种造型设计，其材料选择也比较广泛，从休闲面料到正装面料都适用。

从结构上来看，主要是在裙的裆部进行变化，既可以选择紧身裙也可以选择半紧身裙进行纸样展开。

图例中所设计的款式，材料适合选用织造比较紧密、富有弹力且牢固的面料。

使用量 面布：幅宽110cm 用量160cm

　　　　面布：幅宽150cm 用量150cm

制图要点

在半紧身裙中加入裆部进行作图。

在上裆上增加2cm松量绘制横裆线，以变化后的横裆线为基准线，这条基准线决定了款式造型。

在前中心横裆线上向外偏移1cm，与腰围线中心处向内偏移1cm的点连接并延长至下摆线。

在后中心横裆线上所加的尺寸比前片大，向外偏移1.5cm，与腰围线后中心处向内偏移1.5~2cm的点连接并延长至下摆线，连接后下摆变宽。

前后裆宽的部分要与那条线（引导线）成直角，取臀部厚度（以$\frac{H}{4}$的$\frac{1}{2}$为基准），绘制前后裆弧线。

在腰围线上追加1~1.5cm，作为后裆线的活动松量。

腰带

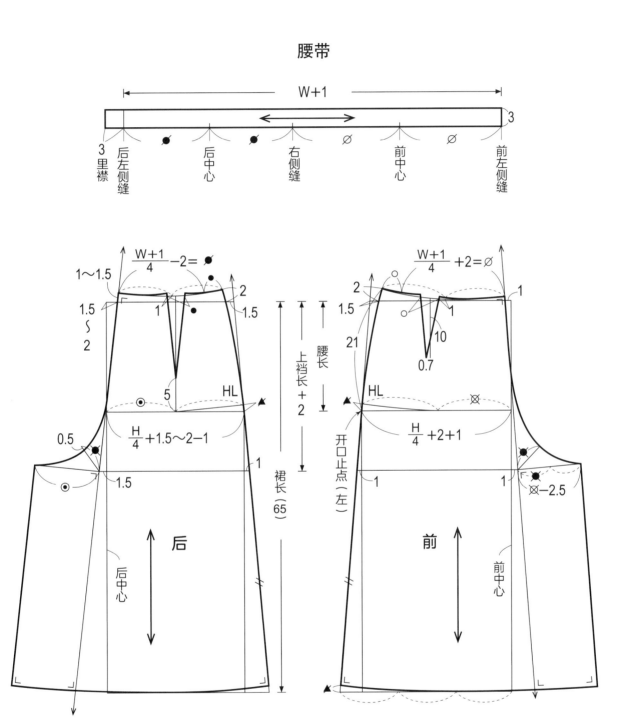

W+1

3
里襟

后左侧缝　后中心　右侧缝　前中心　前左侧缝

$\frac{W+1}{4}-2=$●

1～1.5

1.5
～
2

1.5

1

2

1.5

5

HL

$\frac{H}{4}+1.5～2-1$

0.5

1.5

后

后中心

$\frac{W+1}{4}+2=\varnothing$

2

1.5

1

21

10

0.7

HL

$\frac{H}{4}+2+1$

开口止点（左）

1

1

⊗-2.5

前

前中心

上裆长+2

腰长

裙长（65）

根据紧身裙的纸样展开

① 确定裙长，绘制横裆线。为
了产生宽下摆的造型，从省尖
点向下画垂直切展线，另外在
前后侧缝处各增加1cm展开量
（或切展量的$\frac{1}{2}$）。

② 以省尖点为基点进行下摆的
展开。

③ 在前后横裆线的位置向外偏
移，前片取1cm，后片取1.5cm
作为展开量，取臀部厚度（以$\frac{H}{4}$
大小的$\frac{1}{2}$为基准），绘制前后裆
弧线（如图所示）。

④ 后裆线起翘1~1.5cm，作为
运动量，将腰围线以弧线连
接，在前后片各取一个省。

①

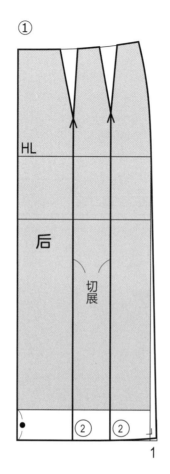

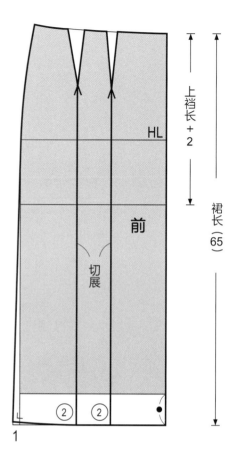

②～④

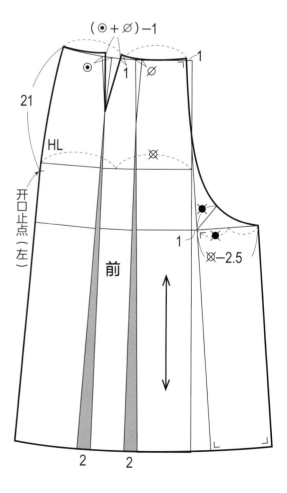

根据半紧身裙的纸样展开

① 确定裙长（65cm），延长中心线和侧缝线。

② 在上裆长上加2cm松量绘制横裆线。

或是根据紧身裙的纸样展开。

① ②

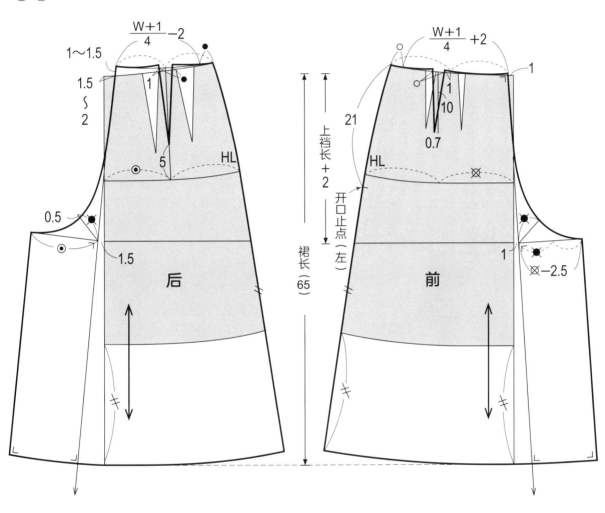

单向褶裥裙

单向褶裥裙的褶裥是向同一个方向折叠而成的，是一款平面的规则褶裥的裙款。褶裥会跟随人体活动，既有流动的美感，也兼有功能性。单向褶裥裙用途广泛，通过材料、褶裥数量、裙长等变化，能够表现出从运动到正装的不同风格。

使用量 面布：幅宽150cm 用量170cm

制图要点

关于臀围的松量

所谓臀围松量是指由于褶裥折起来有三层重叠量，因而需根据布的厚度进行调节。图例中选用的是薄型毛料，只需在 $\frac{H}{2}$ 尺寸上追加 3cm 即可。

确定褶裥的数量和宽度

定好褶裥数量之后在臀围线上进行等分。在图例中作了 12 等分，从腰围线开始到裙摆线作垂线。褶裥数量总计是 24 个（褶裥总数最好是能被 4 整除的数字）。

从臀围线开始向下摆方向逐渐增加褶裥的宽度，会使褶裥的动态非常优美，所以在褶裥两侧的下摆线上各加宽 0.5cm。

关于腰省量的分配

考虑到褶裥的重叠厚度，腰围总共加入 2cm 的松量；考虑到吻合体型的缩缝量和面料的厚度，在 $\frac{W+2}{2}$ 上追加 2~3cm；将剩下的量进行 12 等分，均匀地分配到腰省中。折叠褶裥，装腰带时为了符合体型要在后腰多加点缩缝量。

省道止点需确定在与臀部和腹部隆起处相吻合的位置。

加放褶裥的方法（参照第 64 页）

在臀围线的位置，阴褶量基本是表面褶宽的 2 倍。考虑到布的厚度以及下摆褶裥的稳定性，在阴褶看不见的情况下，阴褶量最好少一点。

使用方格、条子等花纹面料时，最好根据表面褶裥露出面料的样式来确定阴褶量。

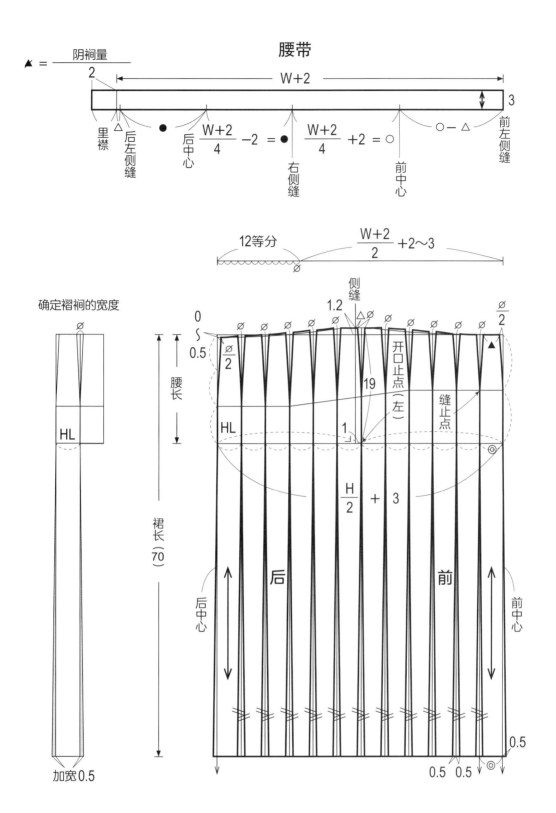

腰带

$$\blacktriangleleft = \frac{阴裥量}{2}$$

12等分 $\frac{W+2}{2}+2\sim3$

确定褶裥的宽度

$\frac{\varnothing}{2}$

HL

加宽0.5

裙长（70）

HL

$\frac{H}{2}+3$

后   前

后中心   前中心

侧缝

开口止点（左）

缝止点

用布量（2倍裙长）受限时阴裥的分配法

与M号尺寸相比臀围变大，需要限制用布量时，阴裥量可以根据下面方法进行分配。

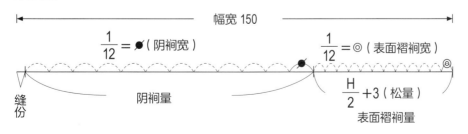

幅宽 150

$\frac{1}{12}=$ ●（阴裥宽） $\frac{1}{12}=$ ◎（表面褶裥宽）

缝份   阴裥量 $\frac{H}{2}+3$（松量）

表面褶裥量

加放褶裥的方法

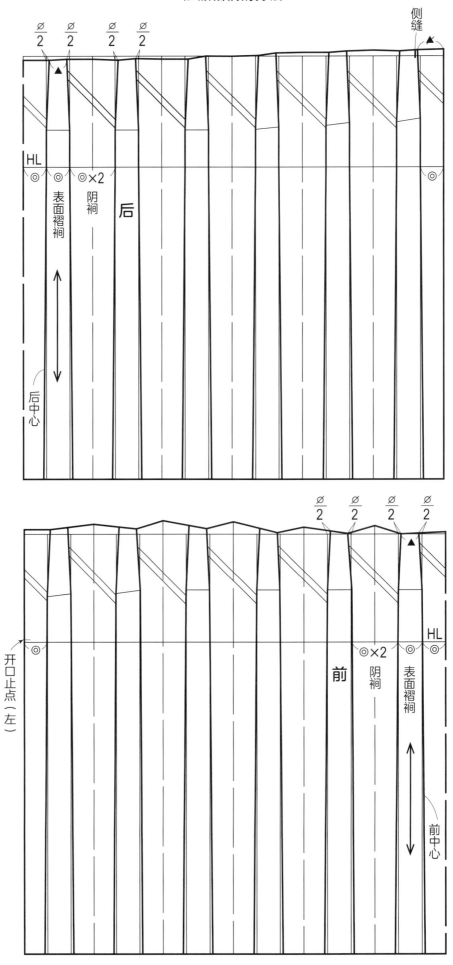

1.6 假缝方法与试穿补正

使用真实面料进行假缝放缝与试穿缝制的方法说明。

纸样制作

根据结构图复制纸样

在结构图上覆盖制图纸，为了防止移动可以用镇纸压在纸上或用珠针固定图纸，使用直尺和弧线尺正确地复制纸样。

另外也有将复印纸放在结构图下面，使用滚轮复制纸样的方法。

纸样检查

● 在侧缝加入对位记号。确认缝合后的状态、尺寸的准确性，在此加入2~3处对位记号（图2）。

● 在纸样上加入布纹线。为了保证裁剪时的准确性，布纹线需画至纸样的两端。

● 在各片纸样中加入必要的名称及记号。

〈例〉紧身裙

图1　修顺腰围线

省道缝合好的状态，省道倒向中心方向后，修顺腰围线

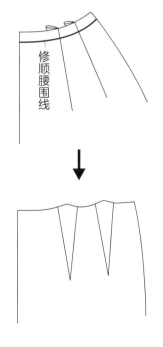

图2　对合前后片纸样，确认尺寸、倾斜及弧线

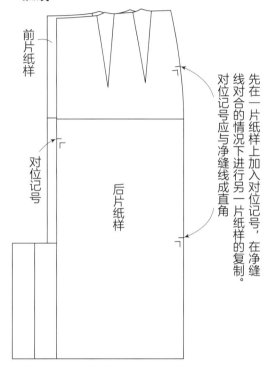

前片纸样

对位记号

后片纸样

先在一片纸样上加入对位记号，在净缝线对合的情况下进行另一片纸样的复制。对位记号应与净缝线成直角

图3　加入布纹线、名称、记号

CB

后

左　右

前

CF

平行加入

腰带

CB	右侧缝	CF	左侧缝	CB

加入对位记号以便与裙片缝合

为了方便用划粉在面料上做记号，需用美工刀将省尖点去除。

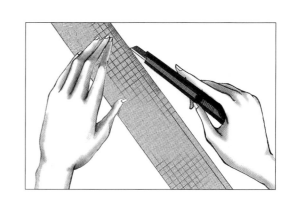

　　在纸样下面需垫上厚纸或垫板，省道和臀围线等位置，需要用划粉做标记的地方用美工刀挖小洞。而臀围线因是直线，在两端用划粉作标记即可，不用挖洞。

省道为直线　　　　　　　　　　　　　　省道为弧线

去除　折边
0.7切开

翻折

在省尖点的剪口处翻折
横向用划粉做记号

HL

去除省尖点的纸样

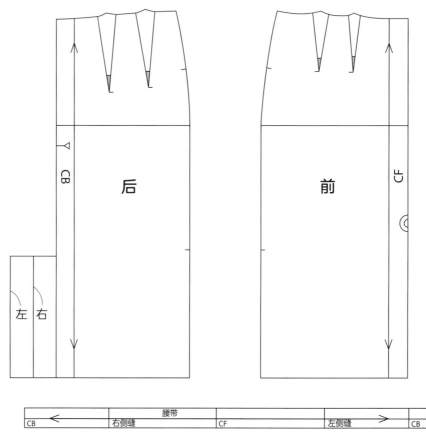

CB

后

前

CF

左　右

腰带				
CB	右侧缝	CF	左侧缝	CB

裁剪

修正布纹、预缩

裁剪前应对布面进行整理，把布面不平整和布边不直的部位整理好，然后再利用熨斗的热度和蒸汽对面料进行整烫和预缩处理。

排料

将纸样按照布纹方向进行排列，并用珠针固定在布面上。

在排列时注意不要浪费面料。

腰带面料一侧可以利用布边，并在两侧加入缝份。

另外在裙长较短时，先估算好腰带用量，再购买面料，不要浪费面料（参照第 68 页裁剪排料图 A·B）。

裁剪

为了保证假缝的量，裁剪时要多留一些缝份。

画样

在纸样的轮廓、省尖点、对位记号等主要位置用划粉画好。

然后移开纸样，借助直尺、曲线尺，用划粉将纸样画完整。

打线钉

在划粉线上用双线打线钉作为标记点。

直线位置一般两点间隔 8~10cm，曲线位置一般两点间隔 3cm 左右。

线与线相交的位置线钉要成十字。

前片等需折叠裁剪的裙片，在中心位置用线标出记号。

腰带用划粉标注即可，不要忘记在腰带上标注与裙片对应的对位记号。

〈例〉紧身裙

裁剪排料图①

面料幅宽 150cm

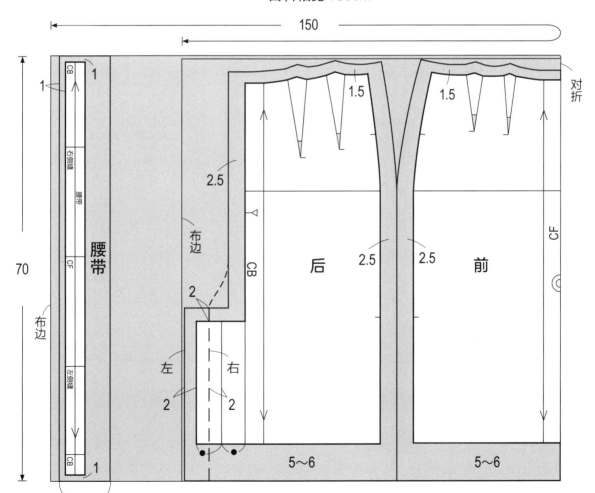

腰带宽×2+2~2.2

★根据装腰方法不同，腰带纸样和缝份也有差异

若腰围尺寸与裙长相差较大

若裙长与腰围尺寸相差10cm以内，腰带排料如图A-a所示。若两者相差10cm以上，腰带排料如图A-b所示面料会略有浪费，可如图B所示对腰带进行横向排料。

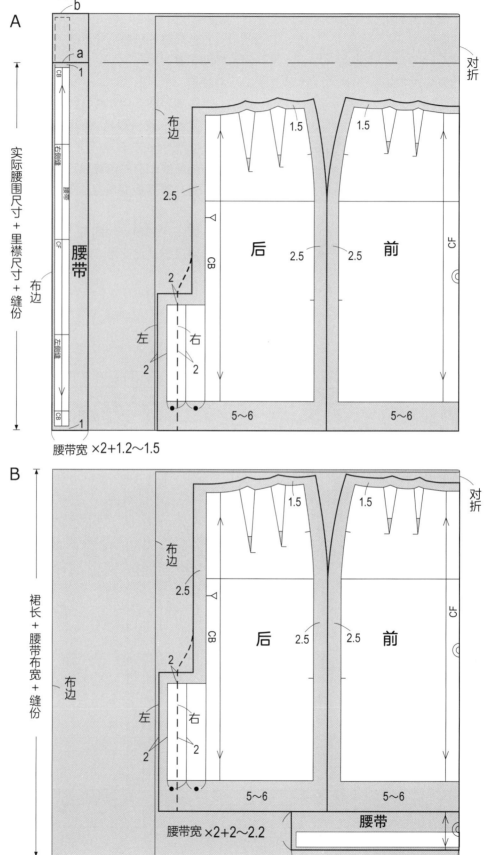

裁剪排料图②

面料幅宽 110cm

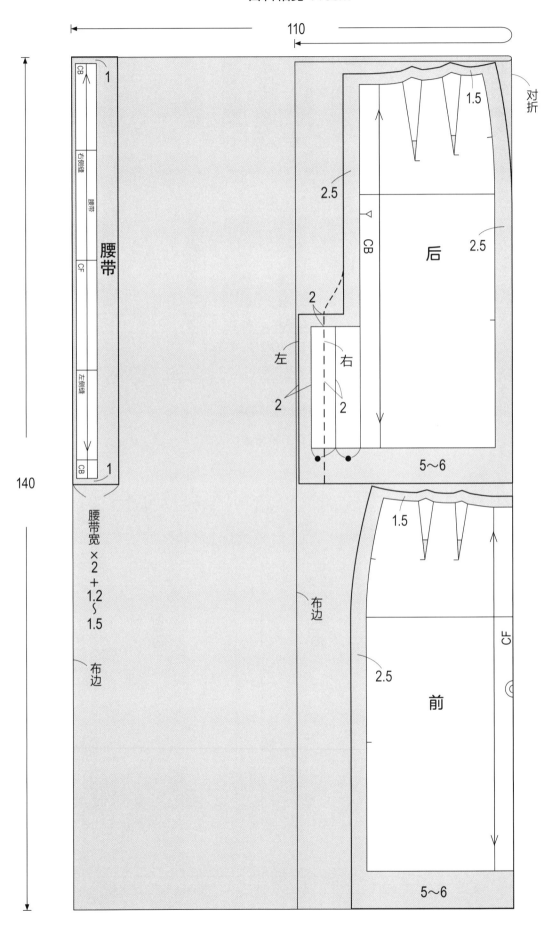

对合花纹面料

　　有各种各样的花纹面料，这里主要对在裙子上常使用的条纹面料和格子面料进行说明。

- 对称的条纹面料、格子面料在花纹中间进行对称裁剪，对于复杂的花纹，一边对照着上下两层花纹，一边进行裁剪。
- 不对称的花纹面料因为对花纹较难，左右片要分开，一片一片进行裁剪。

对称的花纹

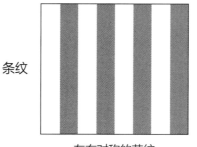

条纹

不对称的花纹

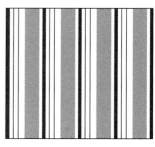

左右对称的花纹

左右不对称的花纹

格子

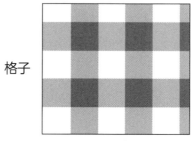

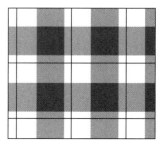

上下、左右对称的花纹

上下、左右不对称的花纹

左右分开裁剪的纸样

〈例〉紧身裙

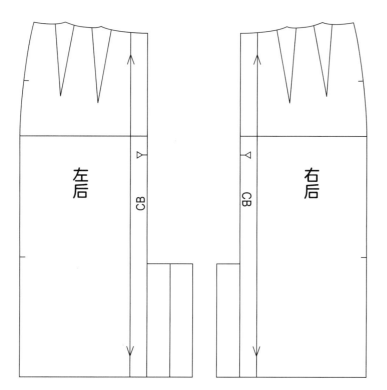

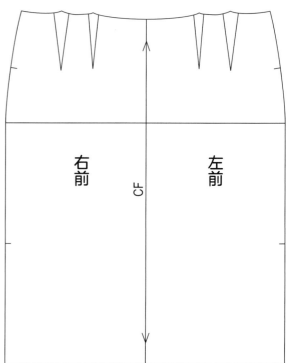

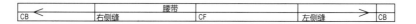

一、直线造型

细条纹

　　若前片对折裁剪，则前中心连裁的位置选择在条纹中心线；若前中心拼缝，则前中心裁剪的位置需选择在条纹与条纹之间的中心线。

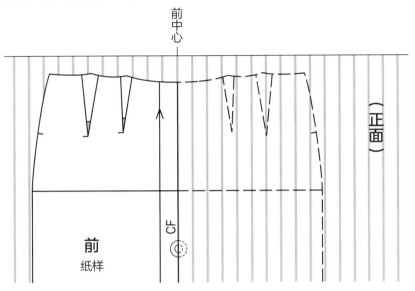

后中心有开衩等需要拼合

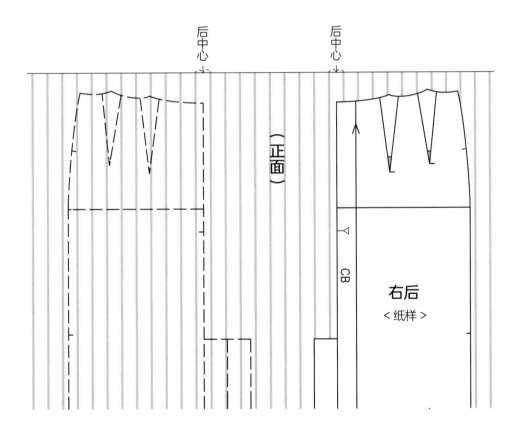

后中心有褶裥

在后中心加入褶裥时，为了保证后中心花纹的对合，排料时需在褶裥量的中心和折山位置，将纸样适当拉开一定距离，作为面料折叠后的松量调整。

● 在后中心加入暗裥

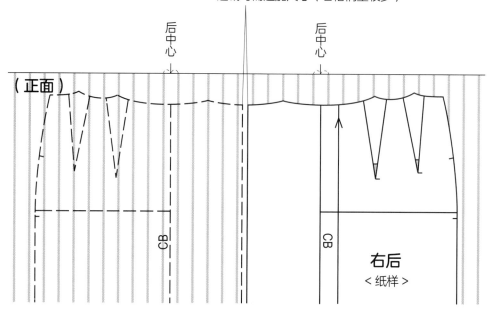

● 在后中心加入单向裥

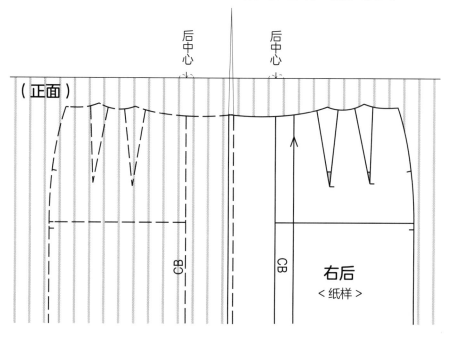

格子花纹

选择最显眼的纵向条纹中心线作为纸样中心线进行对合。为了保持视觉上的平衡，横向条纹面料排料时，前后片侧缝处的横向条纹应对准。

左右对称的花纹面料对折裁剪时，为了保证上下面料花纹对准不错位，裁剪时应将主要部位对准后用珠针固定。特别是纸样边缘处的花纹对准后需用珠针固定。

上下、左右不对称的格子花纹，可以采用不对称条纹面料的裁剪方法，制作左右片纸样，分片进行裁剪。

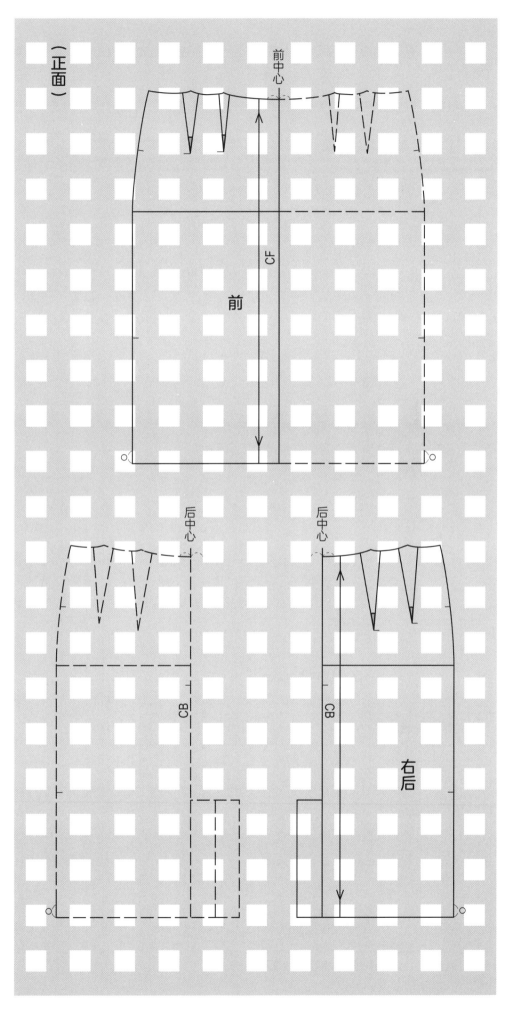

（正面）

前中心

CF

前

后中心

CB

后中心

CB

右后

二、喇叭造型

喇叭造型的款式即使是相同的纸样，也可以通过调整布纹的方向改变条纹和织纹的形态，产生不同的款式造型。

A 布纹线可以设置在纸样中央纵向裁剪，也可以设置在花纹的中心线上

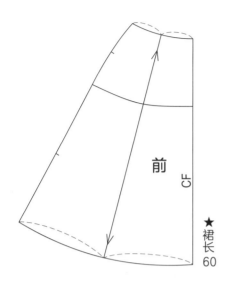

在裙子前后中心处加入拼缝，构成前后共 4 个裙片。只有在前后片中心和两侧的拼缝都是斜料的情况下，才能达到整体造型的稳定感。

面料幅宽 150cm

面料幅宽 110cm

★纸样下摆较宽、选用有花纹的面料且排料需要有方向性时，
 面料的用量会变多

74

B 布纹线可以设置在纸样前后中心线上纵向裁剪，也可以设置在花纹的中心线上

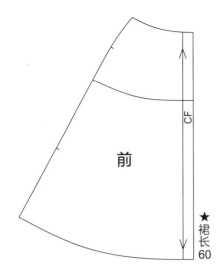

因前后片对折连裁，构成前后共 2 个裙片。虽然缝合数量较少，缝制看似简单，但拼合处都是斜料，左右侧缝容易拉伸变形和产生波浪，侧缝处拼缝时也容易错位。

适用于华达呢和牛仔布等织造密实的面料。

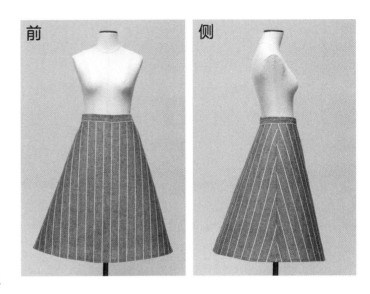

面料幅宽 150cm

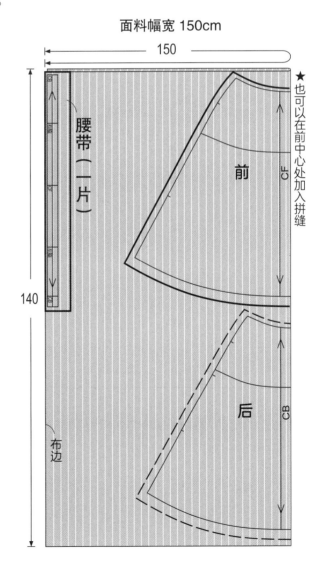

假缝

所谓假缝是指服装在正式缝制前进行试穿时的缝制，沿净缝线按照相同状态用假缝线进行假缝的过程。

缝合时用单股假缝线进行单线迹绗缝，在起始点和终点处缝1针倒回针防止线迹松脱。毛料可在侧缝正面进行压绗缝，正面露出缝线。

一、紧身裙的假缝顺序

1 在前中心线与前后臀围线位置做好标记

2 缝合省道
从腰围线上方0.5cm处开始缝合省道，省量倒向中心侧，然后从面料正面压绗缝固定。

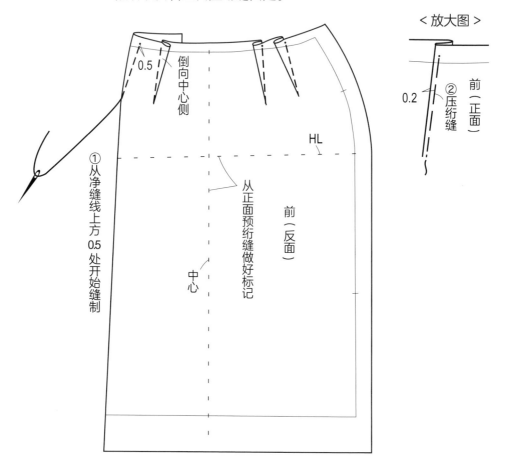

单线迹绗缝

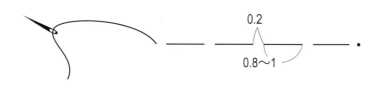

3 缝合侧缝

将前后片按对位记号用珠针正确固定并缝合，缝份
倒向前侧并在面料正面压纫缝。

4 向上翻折裙摆边

裙摆折边向反面翻折，并假缝固定。

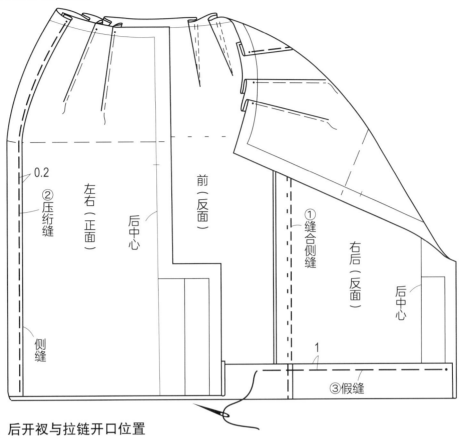

5 缝合后中心线、后开衩与拉链开口位置

在后中心线从装拉链缝止点缝合至开衩位置，
缝份倒向右后侧。在右后中心线从腰围线继续
压纫缝至裙摆线。

在拉链缝止点和开衩缝止点增加 1 针倒回针，在左后
中心线（用压纫缝）标记出拉链与开衩的缝合位置。

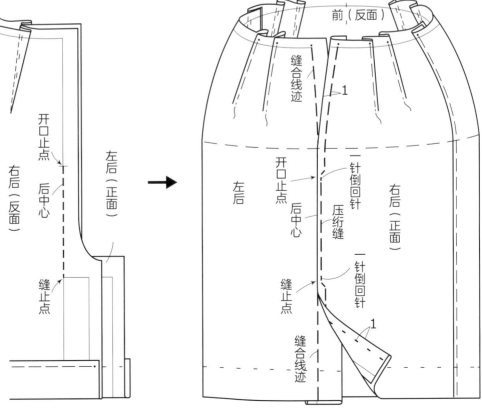

6　缝装腰带和裤钩

在腰带上加入对位记号，放置在裙片的腰围缝份上，对位记号对合，用双股假缝线缝合。因为是假缝，腰带长度可以略长，在两端留出适当余量。

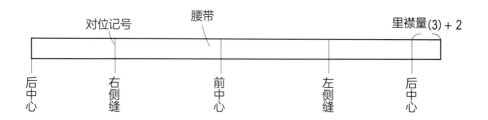

对位记号　　　腰带　　　　　　　里襟量(3) + 2

后中心　　右侧缝　　前中心　　左侧缝　　后中心

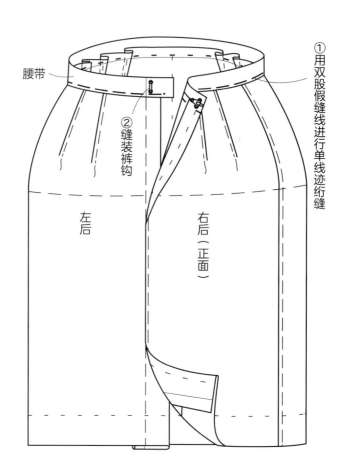

腰带

①用双股假缝线进行单线迹绗缝

②缝装裤钩

左后

右后（正面）

二、褶裥裙的假缝顺序

1 裙摆向上翻折，整理好褶裥后缝至缝止点

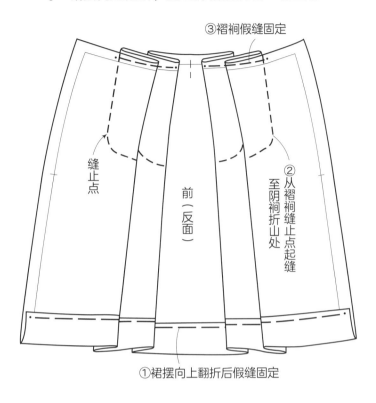

③褶裥假缝固定

缝止点

前（反面）

②从褶裥缝止点起缝至阴裥折山处

①裙摆向上翻折后假缝固定

---

2 假缝固定阴裥和阳裥折山，再缝合侧缝

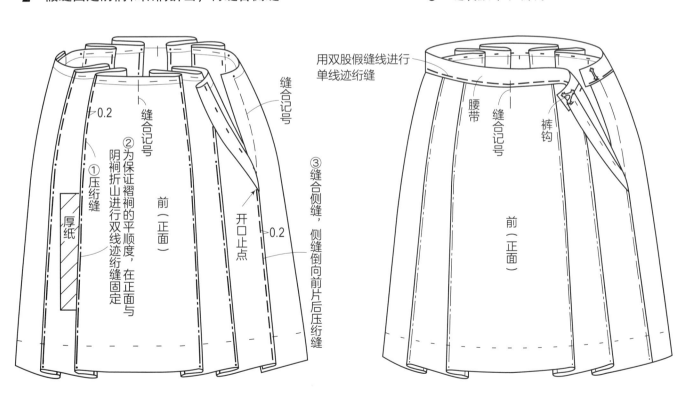

缝合记号

0.2

缝合记号

①压绗缝

厚纸

②为保证褶裥的平顺度，在正面与阴裥折山进行双线迹绗缝固定

前（正面）

开口止点

0.2

③缝合侧缝，侧缝倒向前片后压绗缝

3 缝装腰带和裤钩

用双股假缝线进行单线迹绗缝

腰带

缝合记号

裤钩

前（正面）

三、多节裙的假缝顺序

1 加入对位记号

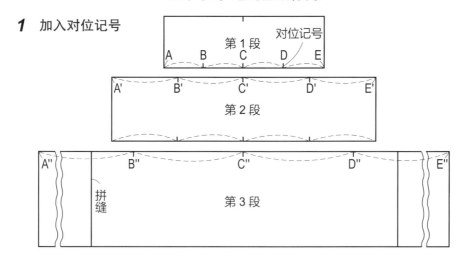

第1段   对位记号

A   B   C   D   E

A'   B'   C'   D'   E'

第2段

A"   B"   C"   D"   E"

拼缝   第3段

2 分别缝合各段裙片的侧缝，然后抽碎褶

为了方便碎褶的抽缩，使用大针距缝制，且需要将裙片上沿抽缩至与上段裙片下沿的尺寸一致。

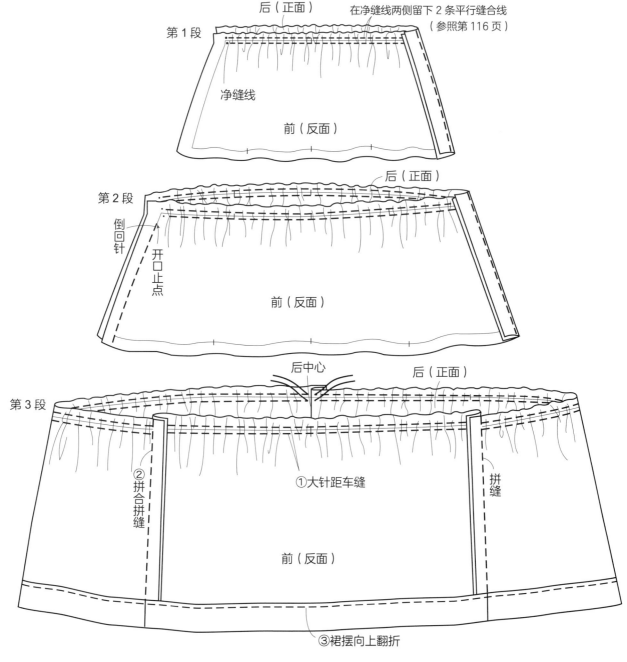

第1段

后（正面）   在净缝线两侧留下2条平行缝合线
（参照第116页）

净缝线

前（反面）

第2段

后（正面）

倒回针

开口止点

前（反面）

第3段

后中心   后（正面）

②拼合拼缝   ①大针距车缝   拼缝

前（反面）

③裙摆向上翻折

3 各段裙片上下拼合缝制

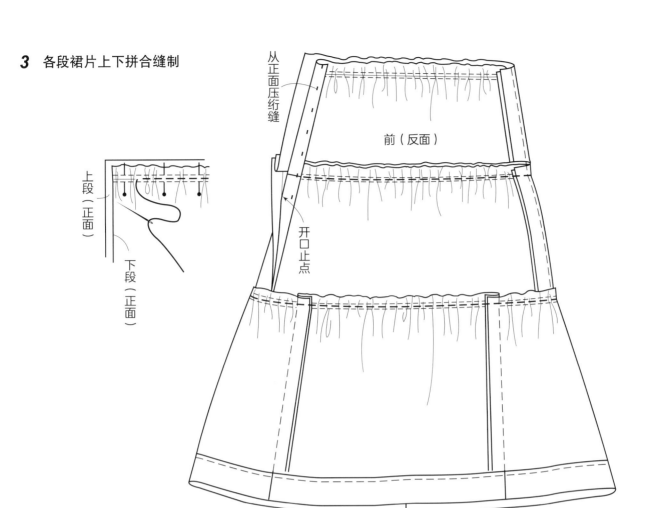

从正面压绗缝

前（反面）

上段（正面）

下段（正面）

开口止点

4 缝装腰带和裤钩

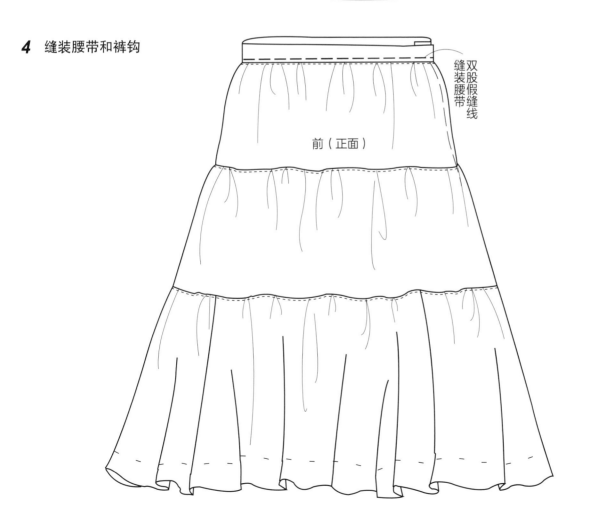

缝装腰带

双股假缝线

前（正面）

四、裤裙的假缝顺序

1 缝合省道、侧缝和下裆弧线

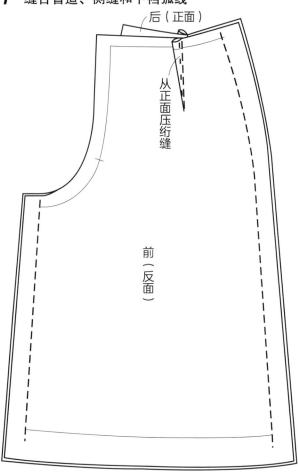

后（正面）

从正面压纫缝

前（反面）

2 裙摆向上翻折

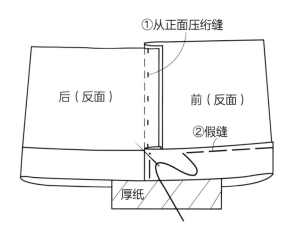

①从正面压纫缝

后（反面）　　前（反面）

②假缝

厚纸

3 缝合前后裆弧线

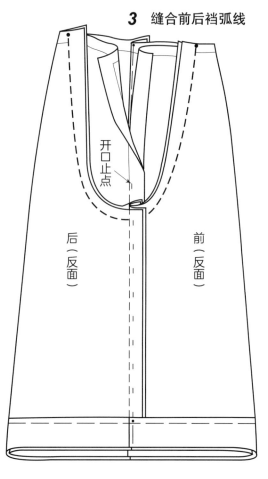

开口止点

后（反面）　　前（反面）

4 缝装腰带和裤钩

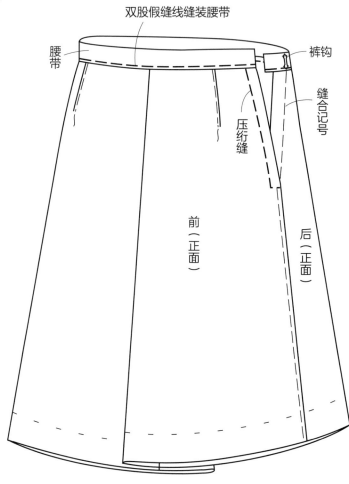

双股假缝线缝装腰带

腰带

裤钩

缝合记号

压纫缝

前（正面）　　后（正面）

试穿补正与纸样修正

试穿补正

在正式缝制前试穿假缝样衣。

站在能照到全身的镜子前，确认中心线在身体中心处是否垂直、腰围松紧是否合适、穿着是否正确等。

在静止状态下进行观察

① 裙长比例是否均衡。

② 前后中心线是否垂直、臀围线与裙摆线是否水平。

③ 腰围、中臀围、臀围的松量是否合适。

④ 腰围部位是否平整。前后腰围线是否稳定。

⑤ 腰省量是否合理、侧缝是否顺直、位置是否合理。

在运动状态下进行观察

① 进行日常的动作（步行、弯腰、上下台阶）时，松量和裙摆大小是否合适。

② 开口止点位置（有重叠量的开衩、无重叠量的开衩、褶裥）是否合理。

纸样修正

试穿后，对需要补正的部位准确测量尺寸，在结构图上进行补正，并重新修正纸样。

〈例〉紧身裙

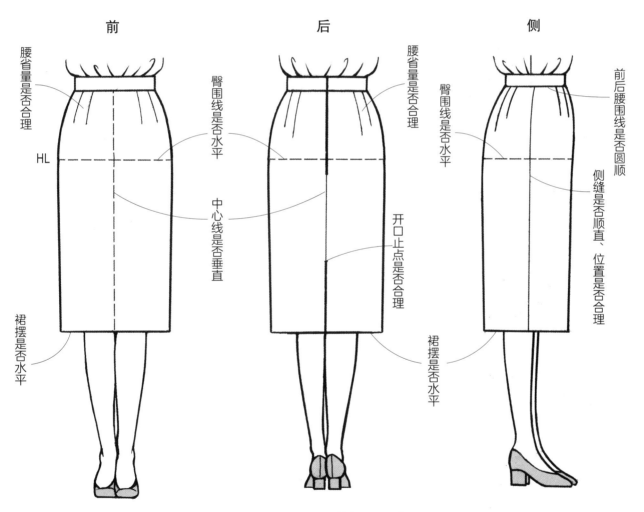

腰围、中臀围、臀围的松量是否合理

一、后中心起吊

若臀部过于丰满，会将裙子撑起，从而造成后裙长不足，为了保持裙摆水平，在后腰围处进行追加补正。

向上起吊

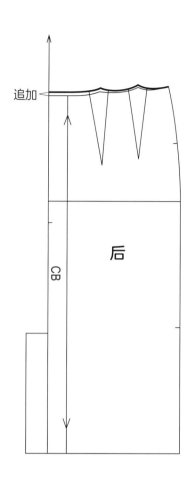

追加

CB

后

二、前中心起吊

若腹部过于凸起，会将裙子撑起，从而造成前裙长不足，为了保持裙摆水平，在前腰围处进行追加补正。

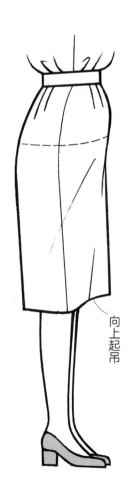

向上起吊

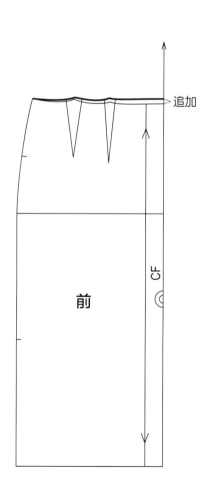

追加

CF

前

三、大腿部两侧产生褶皱

若大腿部过于丰满，可在大腿部位加入所需的松量，从侧缝作平行线，并加大省量。

其他问题

若腰围有余量，可直接在侧缝处进行调整；若省尖位置收省量过大，也可将省加长。

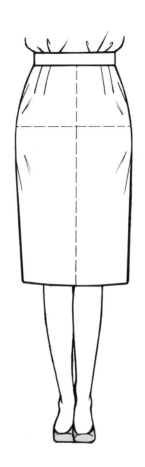 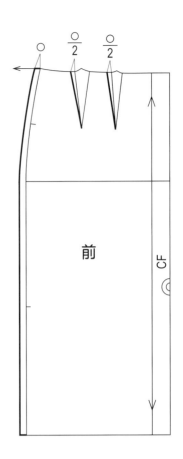

四、正式缝制前缝份的整理

① 拆除假缝线，用熨斗进行熨烫。

② 去除补正位置的线钉，将修正后的纸样覆在上面，重新用划粉画出纸样，打好线钉。

③ 留出所需的缝份，将多余的量剪掉。

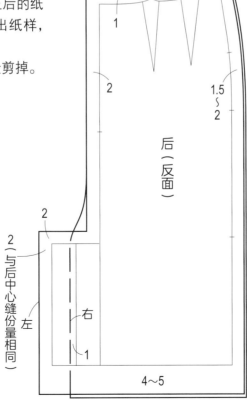 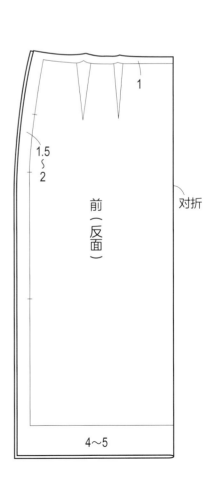

1.7 紧身裙的缝制

无夹里裙

1 烫黏合衬，将侧缝、后中心的缝份拷边

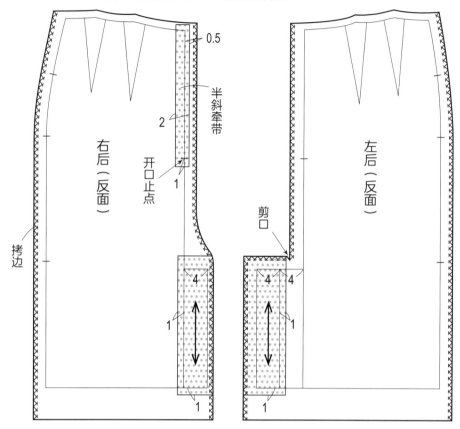

正式缝合

为了正式缝合时比较流畅，作为前期准备需要做如下工作：
① 确认裁剪好的各裁片、里布及辅料（拉链、腰衬、黏合衬、裤钩）。
② 确认面料的正反面及黏合衬的胶粒面。
③ 调节锁边机及缝纫机的缝线松紧和针迹大小。
④ 调节熨斗温度（缝份分缝熨烫测试）。

<放大图>

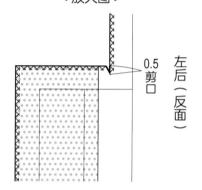

2 缝合后中心线，在左后片里襟转角处打剪口

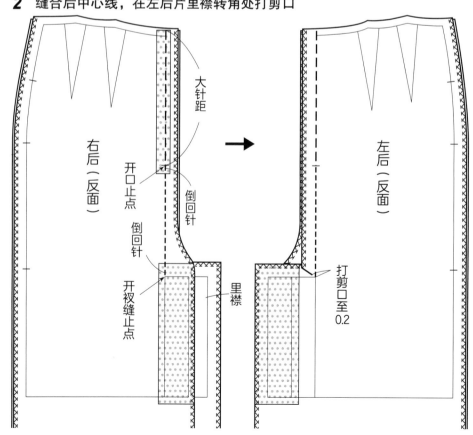

<放大图>

根据不同面料，剪口位置需向上抬高 0.5~0.7

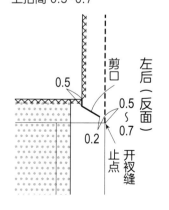

3 用熨斗分烫后中心缝份，制作开衩

分缝

右后（反面）

左后（反面）

→

在缝份上车缝固定

开衩缝止点

右后（反面）

左后（反面）

1～1.5

在缝份上车缝固定

4 缝装拉链

车缝

0.3

右后（反面）

左后（反面）

左后（正面）

＜放大图＞

腰线向下0.7

0.3折返

右后（反面）

0.1车缝

拉链（正面）

开口止点

缝合

②拆除大针距车缝线

1

①车缝

左后（正面）

右后（正面）

开口止点

倒回针

缝装拉链时使用专用压脚更加方便

右后（反面）

左后（正面）

假缝

缝装拉链

右后（反面）

左后（反面）

仅在缝份上固定

5 缝制前后片省道

省道的缝合方法 <放大图>

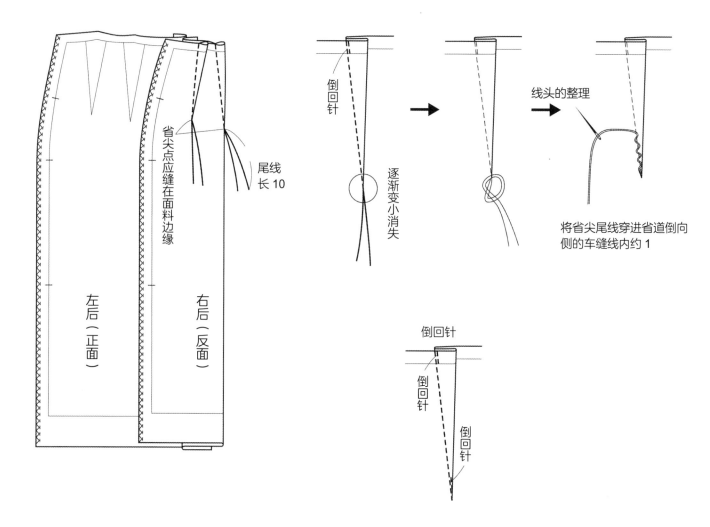

省尖点应缝在面料边缘

尾线长 10

左后（正面）

右后（反面）

倒回针

逐渐变小消失

线头的整理

将省尖尾线穿进省道倒向侧的车缝线内约 1

倒回针

倒回针

倒回针

6 省道倒向中心侧

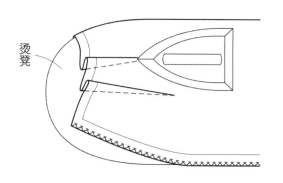

烫凳

在烫凳上用熨斗将省尖烫平整

< 放大图 >

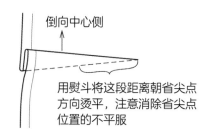

倒向中心侧

用熨斗将这段距离朝省尖点方向烫平，注意消除省尖点位置的不平服

7 缝合侧缝

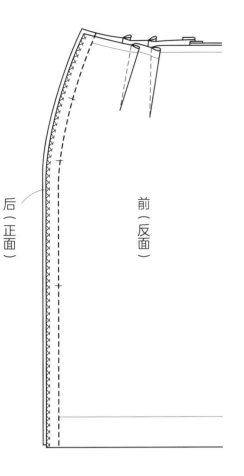

后（正面）

后（正面）

前（反面）

8 裙摆拷边

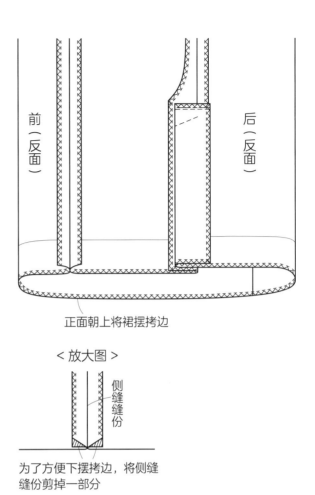

前（反面）

后（反面）

正面朝上将裙摆拷边

< 放大图 >

侧缝缝份

为了方便下摆拷边，将侧缝
缝份剪掉一部分

9 缝制开衩裙摆

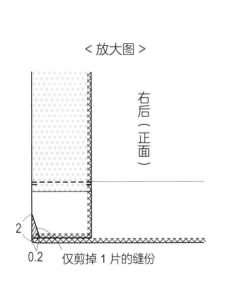

< 放大图 >

右后（正面）

2

0.2　仅剪掉 1 片的缝份

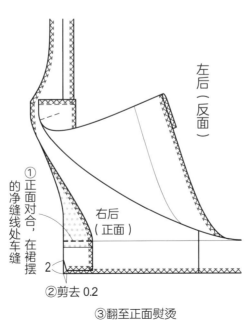

左后（反面）

①正面对合，在裙摆的净缝线处车缝

右后（正面）

2

②剪去 0.2

③翻至正面熨烫

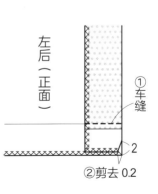

左后（正面）

①车缝

2

②剪去 0.2

10 缲缝裙摆

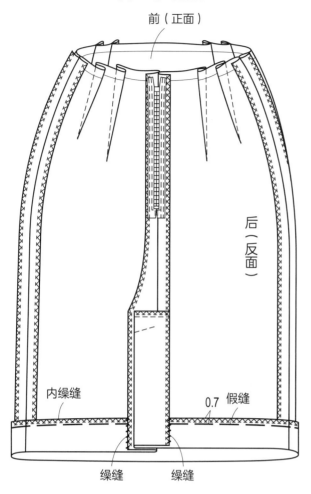

前（正面）

后（反面）

内缲缝

0.7 假缝

缲缝　　缲缝

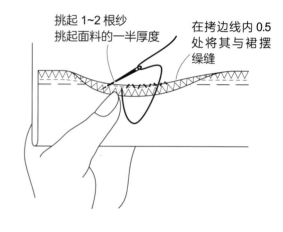

缲缝方法〈放大图〉

挑起 1~2 根纱
挑起面料的一半厚度

在拷边线内 0.5
处将其与裙摆
缲缝

11 缝装腰带

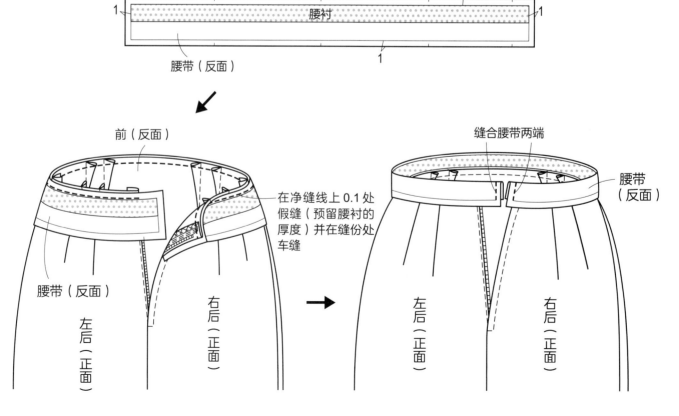

右CB　　　右侧缝　　　CF　　　左侧缝　1　　左CB

1　　　　　　　　　　腰衬　　　　　　　　　　1

腰带（反面）

1

前（反面）

在净缝线上 0.1 处
假缝（预留腰衬的
厚度）并在缝份处
车缝

腰带（反面）

左后
（正面）

右后
（正面）

缝合腰带两端

腰带
（反面）

左后
（正面）

右后
（正面）

12 缲缝腰带里侧，从正面车缝缉明线

13 整理（缝装裤钩）

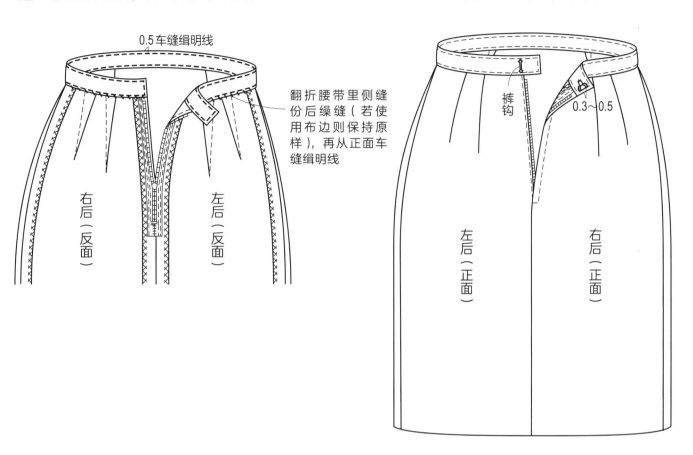

0.5车缝缉明线

翻折腰带里侧缝份后缲缝（若使用布边则保持原样），再从正面车缝缉明线

右后（反面）

左后（反面）

裤钩

0.3~0.5

左后（正面）

右后（正面）

其他缝装腰头的方法

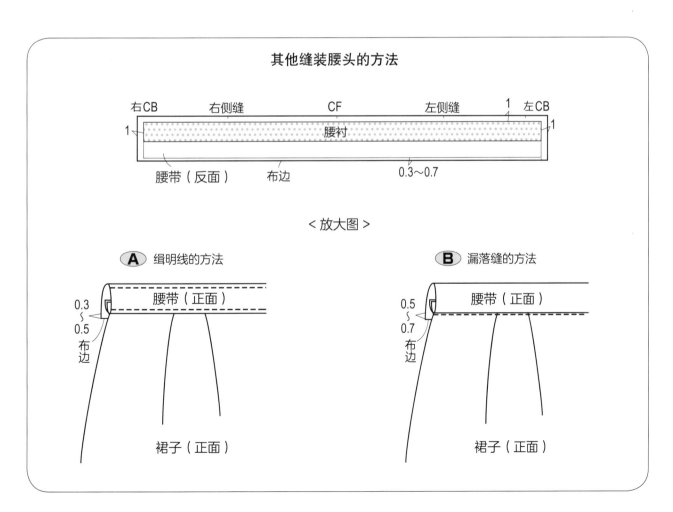

右CB　　　右侧缝　　　　CF　　　　左侧缝　　1　左CB

1

腰衬

1

腰带（反面）　　布边　　　　　0.3~0.7

＜放大图＞

Ⓐ 缉明线的方法

0.3
~
0.5
布边

腰带（正面）

裙子（正面）

Ⓑ 漏落缝的方法

0.5
~
0.7
布边

腰带（正面）

裙子（正面）

有夹里裙

关于夹里

缝装夹里的目的

缝装里布的方法称为里布制作。里布是为了以下目的而缝装的：

- 可以隐藏内侧所有缝份，给人以漂亮、整洁之感。
- 对面布有加固和防止变形作用。
- 对于轻薄面料，可以防止走光和起静电。
- 里布光滑、方便穿脱，也有利于保温。

里布的种类和选择方法

里布的材料有铜氨纤维、人造纤维、聚酯纤维、锦纶等，从织造方法来分类有平纹织物、斜纹织物、编织物等，一般薄型面料的里布适合选用平纹织物，厚型面料的里布适合选用斜纹织物，有弹性的面料有时会选用编织物。另外，夏季服装的里布一般选用透气性好的网眼编织物。

里布最重要的是选用与面布风格（面料厚度、弹性）相符的织物，颜色最好选用与面料同色的。两者不同颜色时，如果面布是深色，里布应选用更深的颜色，如果面布是浅色，里布应选用更浅的颜色。

里布比面布光滑，在裁剪、缝制时要特别注意。对于初学者来说，适合选用铜氨纤维和人造纤维等里布。

里布处理

- 布纹修正

  如经过防缩处理，用熨斗将里布皱纹熨烫平整。

- 裁剪

  因里布较光滑，所以易滑动，需要将布面整理平整，使布边顺直，经纱纬纱成直角不歪斜。在裁剪时要保证里布裁片经纱方向准确。

- 做记号

  用刮刀划出印记。因连续划印会对布面造成损伤，所以每3~5cm做间断印记。转角位置做十字印记。用划粉画线时，也可使用滚轮。

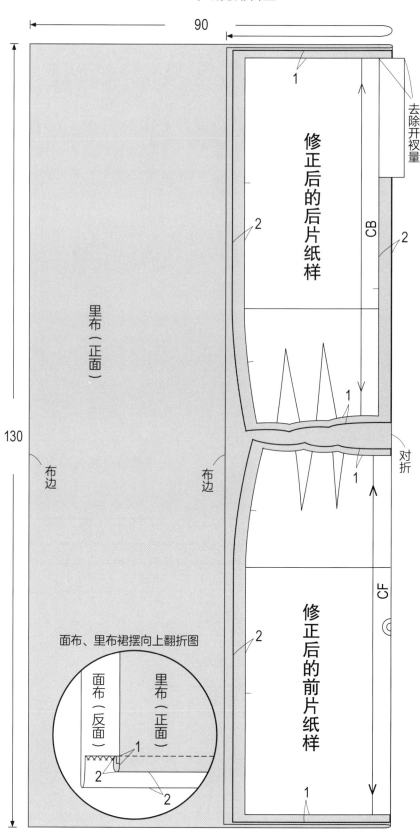

里布裁剪排料图

面布、里布裙摆向上翻折图

1 烫黏合衬，将侧缝、后中心线的缝份拷边，再缝合后中心

★缝份拷边，根据材质不同，有些面料不拷边也是可以的

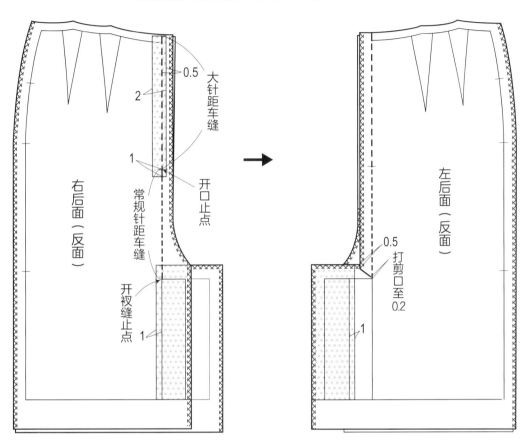

右后面（反面）

大针距车缝

0.5

2

1

开口止点

常规针距车缝

开衩缝止点

1

左后面（反面）

0.5 打剪口至0.2

1

2 制作开衩

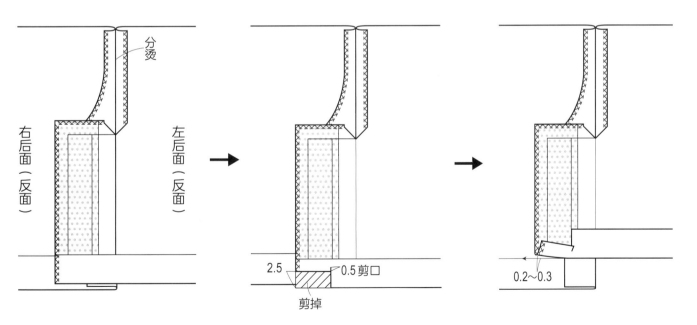

分烫

右后面（反面）

左后面（反面）

2.5

0.5 剪口

剪掉

0.2~0.3

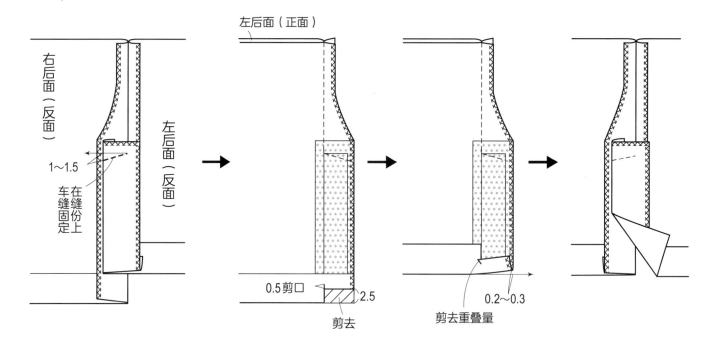

右后面（反面）

左后面（反面）

1～1.5

车缝固定在缝份上

左后面（正面）

0.5剪口　2.5

剪去

0.2～0.3

剪去重叠量

3 缝装拉链（参照无夹里裙）

4 缝合省道

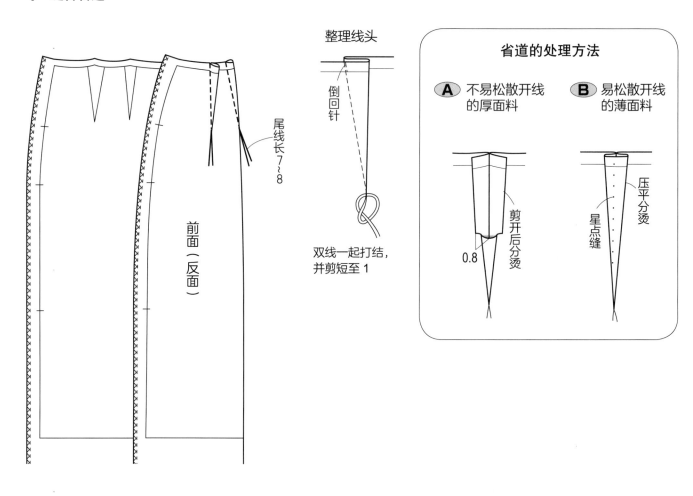

前面（反面）

尾线长7～8

整理线头

倒回针

双线一起打结，并剪短至1

省道的处理方法

A 不易松散开线的厚面料

剪开后分烫

0.8

B 易松散开线的薄面料

压平分烫

星点缝

5 缝合侧缝

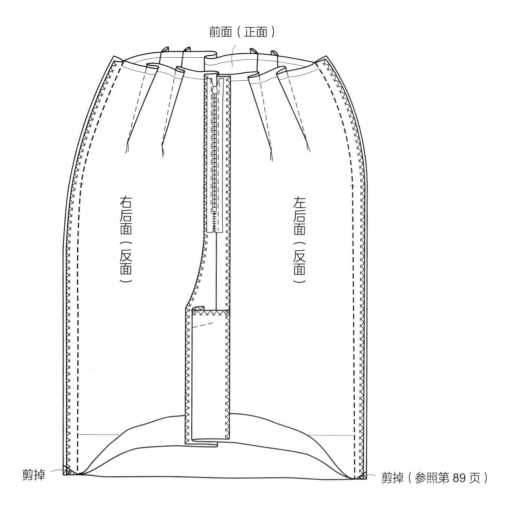

前面（正面）

右后面（反面）

左后面（反面）

剪掉

剪掉（参照第 89 页）

6 从侧缝开始正面朝上将裙摆拷边（参照第89页）

7 缲缝裙摆和开衩

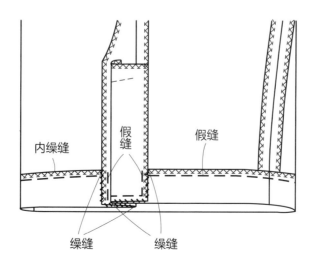

内缲缝

假缝

假缝

缲缝

缲缝

8 缝制裙里

裙里布的缝制要点

● 将缝份拷边。
● 缝制里布时上下线调松些，压脚压力也减小。
● 缝纫机使用9号细针及与面布相同的配色线，也可使用薄面料专用机缝线。

● 正式缝合时，对合对位记号，先沿净缝线假缝后再车缝。考虑到面布的伸缩性，里布要加入适当的松量，缝合时将净缝线位置的缝份减小0.2~0.3cm，这个量称为坐势。

缝合省道、后中心、侧缝

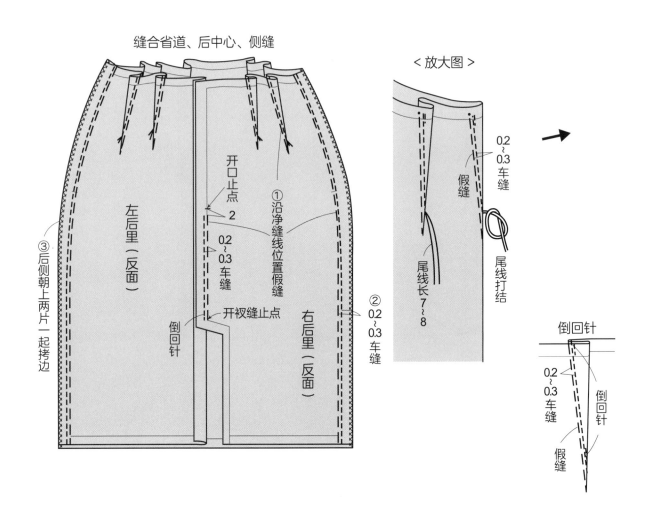

＜放大图＞

开口止点
2
0.2~0.3 车缝
① 沿净缝线位置假缝
倒回针
开衩缝止点
左后里（反面）
右后里（反面）
③ 后侧朝上两片一起拷边
② 0.2~0.3 车缝

假缝
0.2~0.3 车缝
尾线长7~8
尾线打结

倒回针
0.2~0.3 车缝
假缝
倒回针

开衩的缝份处理

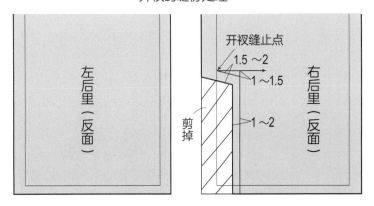

左后里（反面）

右后里（反面）

开衩缝止点
1.5~2
1~1.5
剪掉
1~2

★根据材料不同，缝份稍后剪掉也可以

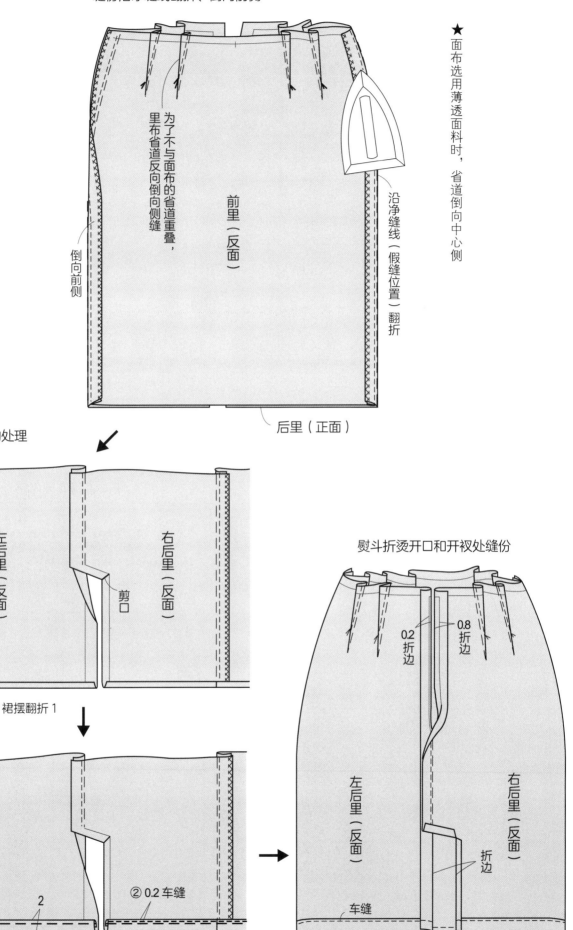

缝份沿净缝线翻折、倒向前侧

为了不与面布的省道重叠，里布省道反向倒向侧缝

前里（反面）

倒向前侧

沿净缝线（假缝位置）翻折

★面布选用薄透面料时，省道倒向中心侧

后里（正面）

裙摆的处理

左后里（反面）

右后里（反面）

剪口

裙摆翻折1

2

②0.2车缝

①折边整烫后，再手工压绗缝

熨斗折烫开口和开衩处缝份

0.2折边

0.8折边

左后里（反面）

右后里（反面）

折边

车缝

9 将面、里侧缝固定在一起

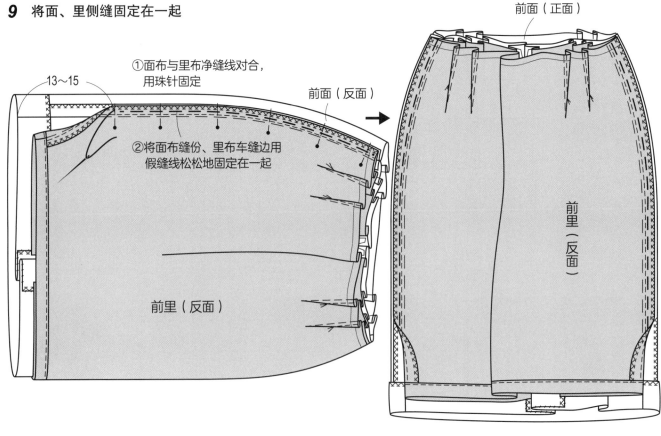

①面布与里布净缝线对合，用珠针固定

②将面布缝份、里布车缝边用假缝线松松地固定在一起

13～15

前面（反面）

前里（反面）

前面（正面）

前里（反面）

10 将面布、里布腰围对合假缝固定

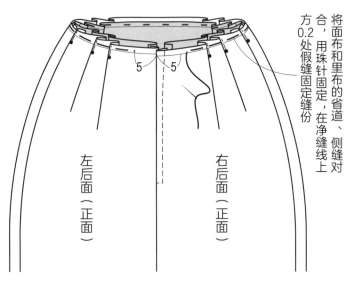

将面布和里布的省道、侧缝对合，用珠针固定，在净缝线上方0.2处假缝固定缝份

5　5

左后面（正面）

右后面（正面）

11 将拉链和开衩部分与里布进行假缝固定

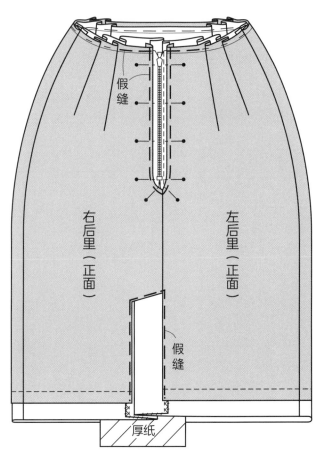

假缝

右后里（正面）

左后里（正面）

假缝

厚纸

12 缝装腰带

● 腰带反面折边缝制

沿着腰带的裁剪边缘用缝纫机压缝，以固定较厚的面料

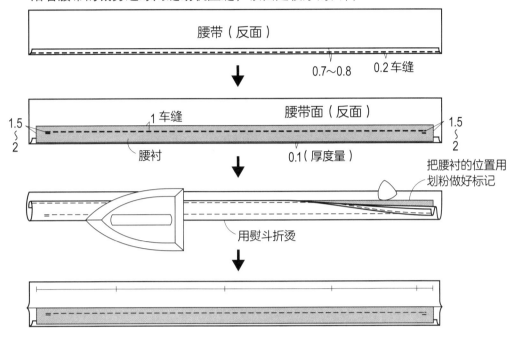

腰带（反面）

0.7~0.8   0.2 车缝

1 车缝   腰带面（反面）

1.5~2   1.5~2

腰衬   0.1（厚度量）   把腰衬的位置用划粉做好标记

用熨斗折烫

● 无折边（使用布边）

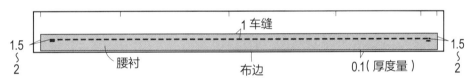

1 车缝

1.5~2   1.5~2

腰衬   布边   0.1（厚度量）

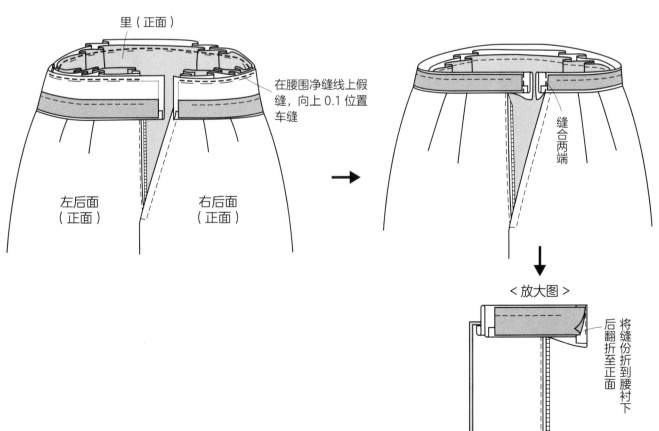

里（正面）

在腰围净缝线上假缝，向上 0.1 位置车缝

左后面（正面）   右后面（正面）

缝合两端

＜放大图＞

将缝份折到腰衬下

后翻折至正面

13 缲缝腰带里

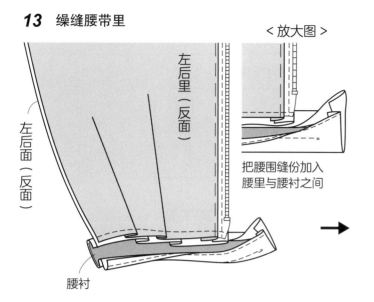

左后面（反面）

左后里（反面）

腰衬

< 放大图 >

把腰围缝份加入腰里与腰衬之间

腰里的边与车缝边对合，珠针固定

在腰围车缝边旁缲缝

14 面布和里布的裙摆用线襻固定

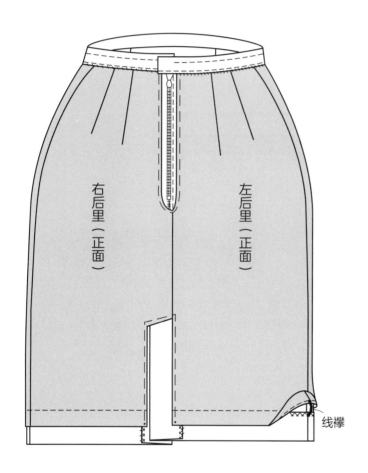

右后里（正面）

左后里（正面）

线襻

15 缲缝拉链和后开衩里布

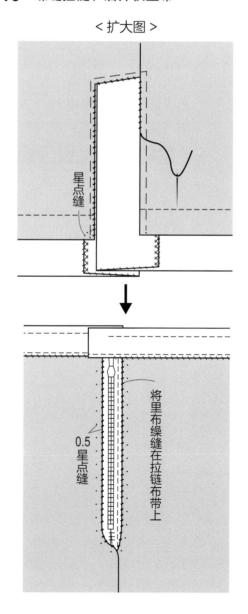

< 扩大图 >

星点缝

0.5
星点缝

将里布缲缝在拉链布带上

16 缝装裤钩（参照无夹里裙）

1.8 部件缝制工艺

开衩的制作方法

加入开衩是为了保证紧身裙步行时的功能性。因开衩缝止点处要承受拉力，所以必须保证衩的牢度。

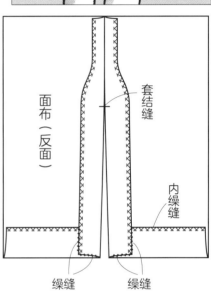

1 烫黏合衬，缝合接缝，车缝至开衩缝止点

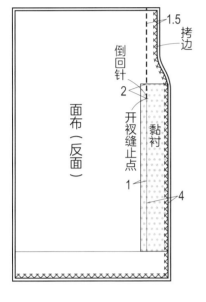

2 向上翻折裙摆

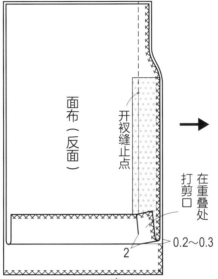

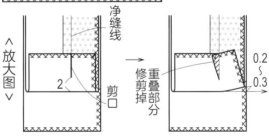

3 将面布和里布对合，保留折边量，将多余的缝份修剪掉

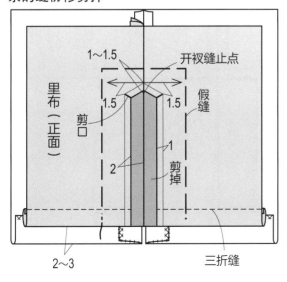

4 面布缲缝后星点缝固定

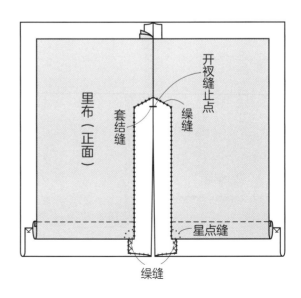

中心开衩的制作方法

若面布为厚面料，开衩的里襟和门襟尺寸相同。
在开衩的里襟内侧，将裁剪好的薄里布缲缝在面布上。

1 烫黏合衬，后中、裙摆进行拷边

★ 后中心缝份拷边，根据材料不同，有时
也可以不拷边

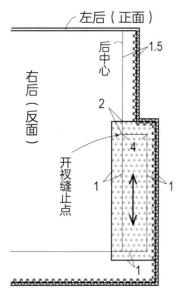

左后（正面）

后中心

1.5

右后（反面）

2

4

1   1

1

开衩缝止点

2 缝合后中心，修剪右后的缝份

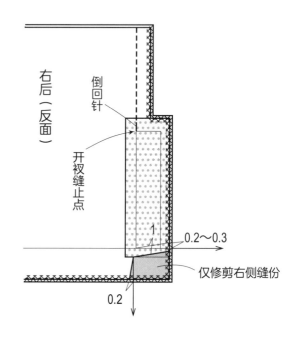

右后（反面）

倒回针

开衩缝止点

1

0.2～0.3

仅修剪右侧缝份

0.2

3 右后裙摆向上翻折后内缲缝，
在开衩处打剪口并用熨斗折烫

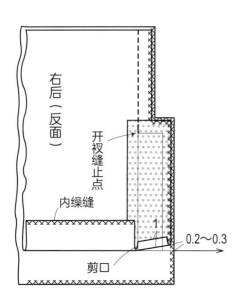

右后（反面）

开衩缝止点

内缲缝

1

剪口

0.2～0.3

4 仅在左后处打剪口，右后处沿着
净缝线用熨斗折烫

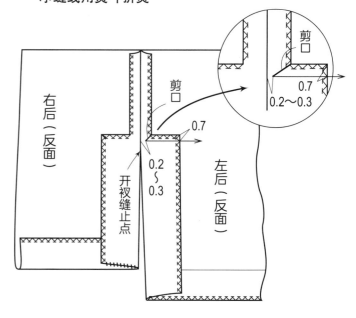

右后（反面）

剪口

开衩缝止点

0.2～0.3

0.7

左后（反面）

剪口

0.7

0.2～0.3

5 左后里襟处折返1，与右后里襟
　　对合后车缝

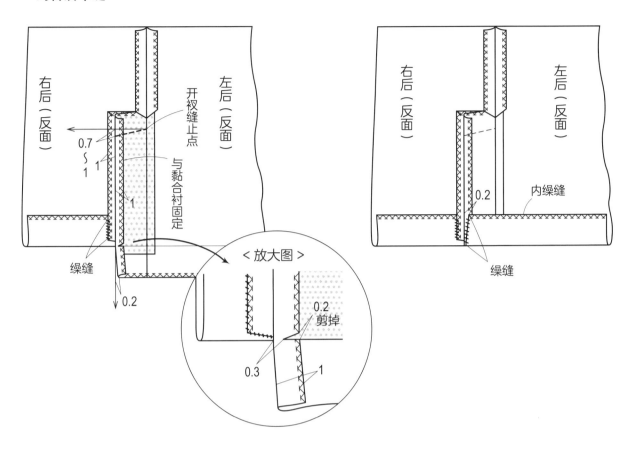

右后（反面）

左后（反面）

0.7～1　1

开衩缝止点

与黏合衬固定

1

缲缝

0.2

< 放大图 >

0.2
剪掉

0.3　1

6 左后裙摆向上翻折后内缲缝

右后（反面）

左后（反面）

0.2

内缲缝

缲缝

7 里布对合，在开衩处假缝固定，
　　仅修剪右后里布

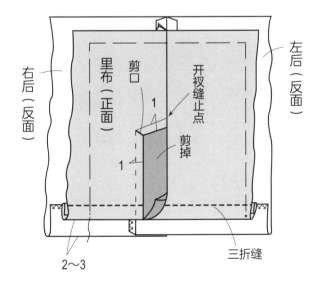

右后（反面）

剪口

里布（正面）

1

1

开衩缝止点

剪掉

2～3

三折缝

8 开衩处缲缝，转角处星点缝

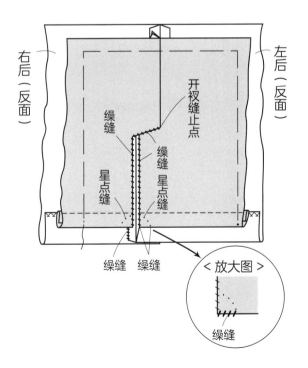

右后（反面）

左后（反面）

开衩缝止点

缲缝

缲缝　星点缝

星点缝

缲缝　缲缝

< 放大图 >

缲缝

拉链的缝装方法

（A）无夹里裙，拉链缝装在左侧。

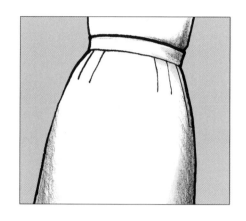

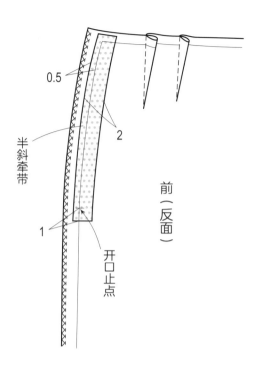

1 贴牵带

0.5

半斜牵带

2

前（反面）

1

开口止点

---

2 缝合侧缝

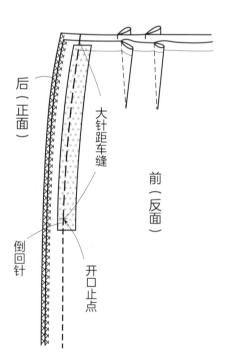

后（正面）

大针距车缝

前（反面）

倒回针

开口止点

---

3 后裙片左侧缝份折返0.3后用熨斗压烫

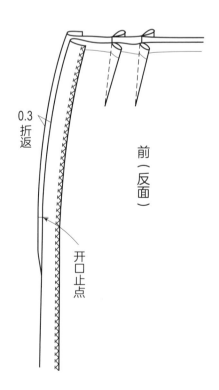

0.3折返

前（反面）

开口止点

4 缝装拉链

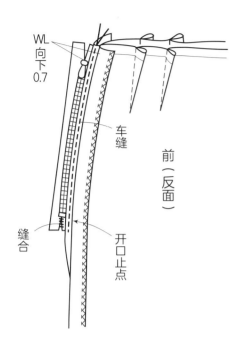

WL 向下 0.7

车缝

前（反面）

缝合

开口止点

5 车缝缉明线

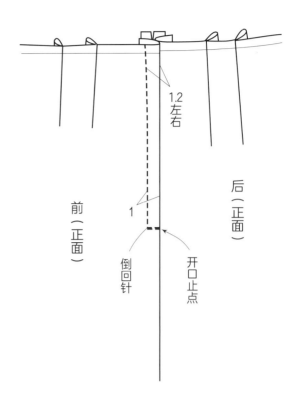

1.2 左右

后（正面）

前（正面）

1

倒回针

开口止点

6 拆除大针距车缝线

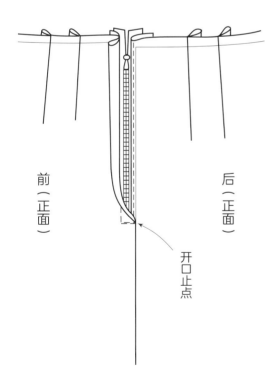

前（正面）

后（正面）

开口止点

7 将拉链布带固定在缝份上

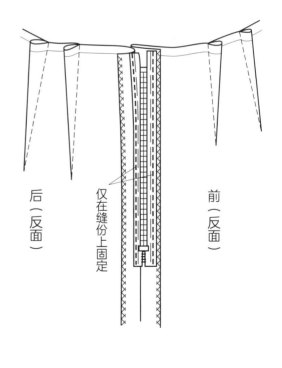

后（反面）

仅在缝份上固定

前（反面）

（B）先在里布上缝装拉链，再与面布缝合。

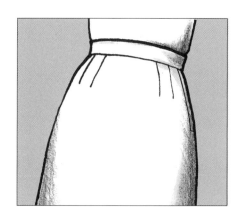

左侧开口装拉链

完成图

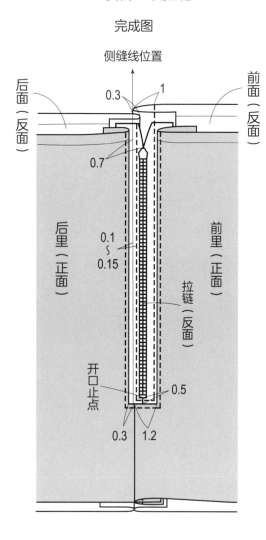

1 在翻折记号处打剪口

根据净缝线在里布翻折位置做
记号并打剪口

〈左侧开口装拉链〉

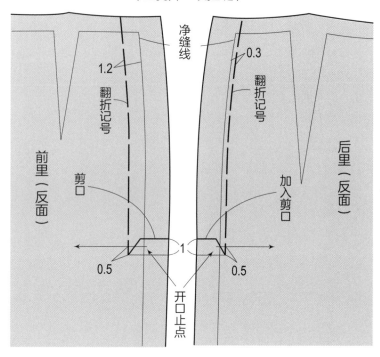

〈后中心开口装拉链〉

后中心开口和左侧开口缝制拉链的方法相反

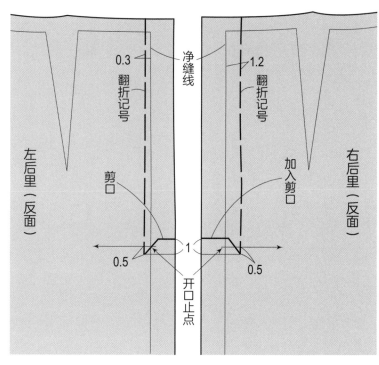

2 折叠折边（左侧开口装拉链）

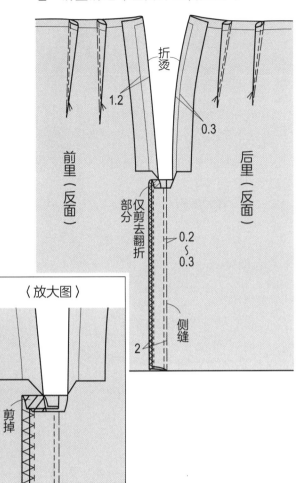

折烫

1.2

0.3

前里（反面）

后里（反面）

仅剪去翻折部分

0.2～0.3

侧缝

〈放大图〉

剪掉

2

3 在里布上缝装拉链

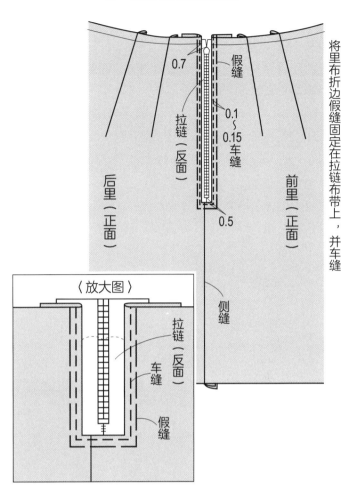

0.7

假缝

拉链（反面）

0.1～0.15 车缝

后里（正面）

前里（正面）

0.5

侧缝

将里布折边假缝固定在拉链布带上，并车缝

〈放大图〉

拉链（反面）

车缝

假缝

4 在面布上缝装拉链

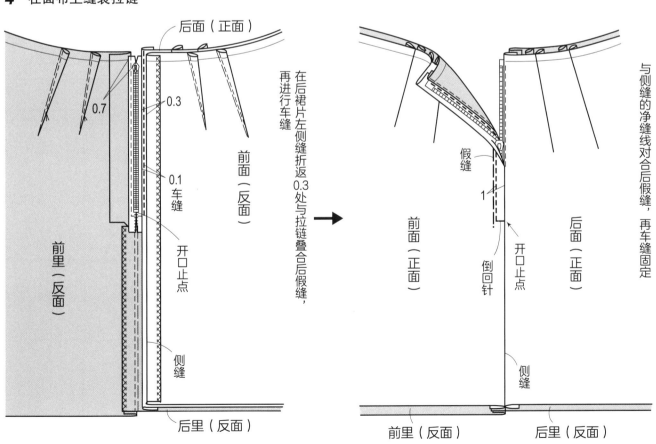

后面（正面）

0.7

0.3

前面（反面）

0.1 车缝

开口止点

侧缝

前里（反面）

后里（反面）

在后裙片左侧缝折返0.3处与拉链叠合后假缝，再进行车缝

假缝

1

倒回针

开口止点

前面（正面）

后面（正面）

侧缝

前里（反面）

后里（反面）

与侧缝的净缝线对合后假缝，再车缝固定

腰带的缝装方法

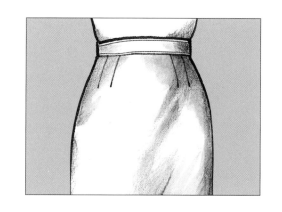

在缝份处固定腰衬的方法

为了保证腰衬缝份与腰带布的贴合固定，在腰带上车缝缉明线比较好。

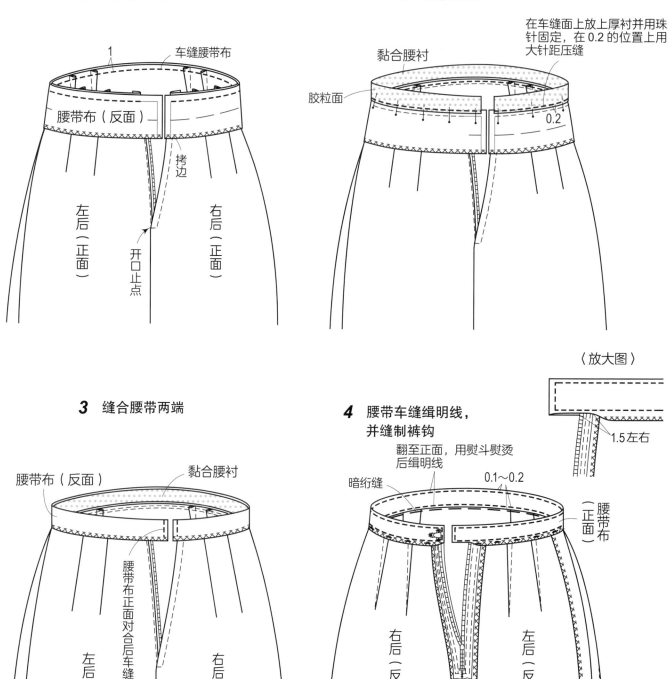

1 缝装腰带布

1
车缝腰带布
腰带布（反面）
拷边
左后（正面）
开口止点
右后（正面）

2 缝装腰衬

在车缝面上放上厚衬并用珠针固定，在0.2的位置上用大针距压缝
黏合腰衬
胶粒面
0.2

3 缝合腰带两端

腰带布（反面）
黏合腰衬
腰带布正面对合后车缝
左后（正面）
右后（正面）

4 腰带车缝缉明线，
并缝制裤钩

翻至正面，用熨斗熨烫后缉明线
暗玎缝
0.1~0.2
右后（反面）
左后（反面）
腰带布（正面）

〈放大图〉
1.5左右

无腰带的处理方法

因不装腰带，所以在腰部加入放拉伸牵带，并进行二次车缝，以保证腰部不会拉伸变形且十分牢固。

用育克代替腰带（无夹里裙）

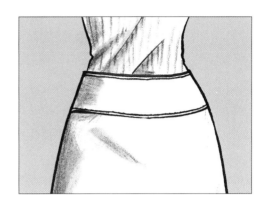

1 绘制育克纸样

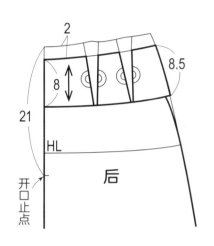

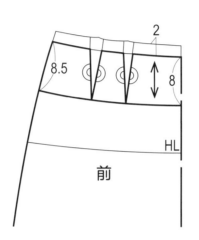

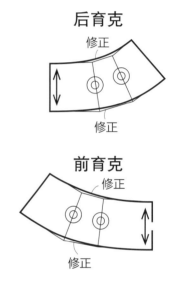

后育克

修正

修正

前育克

修正

修正

2 在育克上烫黏合衬

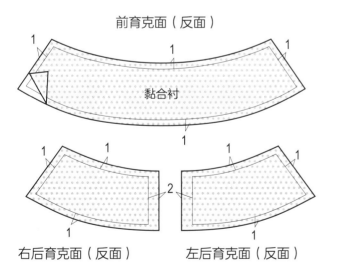

前育克面（反面）

黏合衬

右后育克面（反面）　　左后育克面（反面）

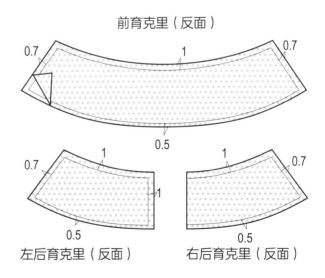

前育克里（反面）

左后育克里（反面）　　右后育克里（反面）

3 缝合育克侧缝

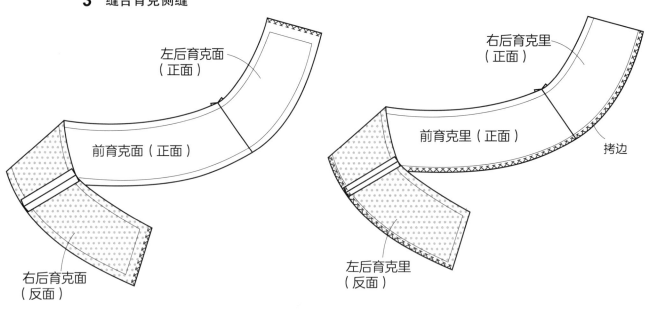

左后育克面（正面）

前育克面（正面）

右后育克面（反面）

右后育克里（正面）

前育克里（正面）

拷边

左后育克里（反面）

4 缝装育克面

0.2
缝份差

剪至0.8

缝份分烫

剪口

右后（反面）

左后（反面）

开口止点

〈放大图〉

打剪口

仅在裙片缝份上打剪口

净缝线

1

5 缝装育克里（贴边）

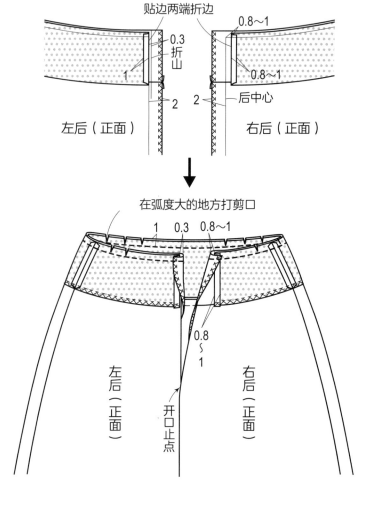

育克里正面对合假缝后车缝

贴边两端折边

0.3
折山

1

2

左后（正面）

0.8～1

0.8～1

后中心

右后（正面）

2

在弧度大的地方打剪口

1   0.3   0.8～1

左后（正面）

开口止点

0.8～1

右后（正面）

6 缝装拉链

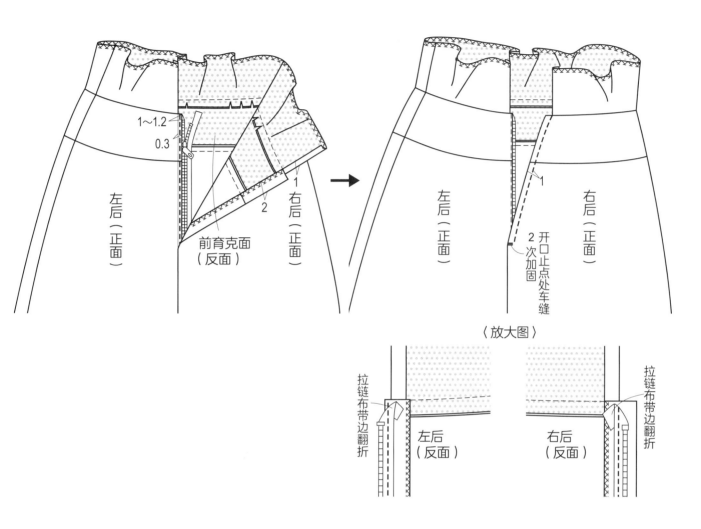

1~1.2

0.3

左后（正面）

前育克面（反面）

右后（正面）

1

2

开口止点处车缝

左后（正面）

右后（正面）

2次加固

〈放大图〉

拉链布带边翻折

左后（反面）

右后（反面）

拉链布带边翻折

7 在育克上车缝缉明线

0.5缉明线

0.5缉明线

左后（正面）

右后（正面）

8 缲缝育克里，然后缝装裤钩拉线襻

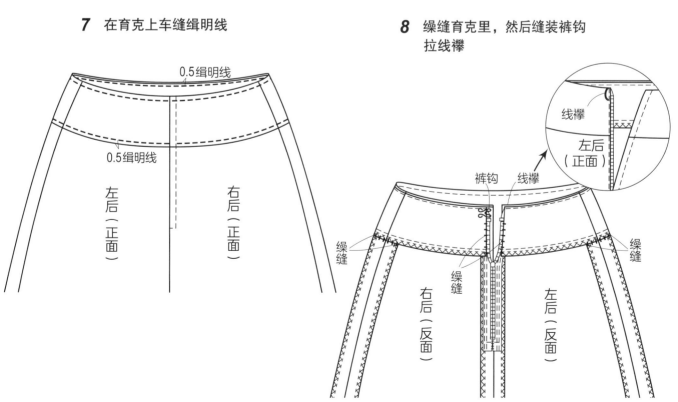

线襻

左后（正面）

裤钩　线襻

缲缝

缲缝

缲缝

右后（反面）

左后（反面）

缝装腰里贴边（有夹里裙）

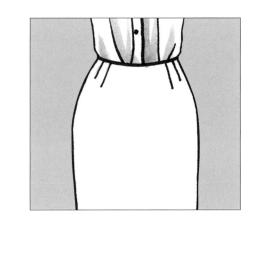

1 绘制贴边纸样

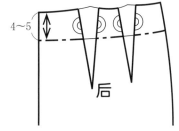

4~5

后

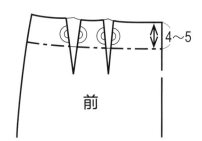

4~5

前

后贴边

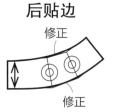

修正

修正

前贴边

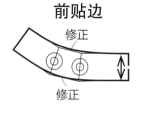

修正

修正

2 贴边烫黏合衬

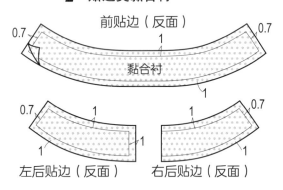

前贴边（反面）

0.7   1   0.7

黏合衬

0.7   1   1   0.7

1   1

左后贴边（反面）   右后贴边（反面）

3 缝合贴边侧缝

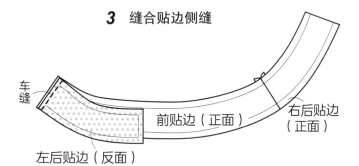

车缝

前贴边（正面）   右后贴边（正面）

左后贴边（反面）

4 缝装贴边

在裙片面布反面的腰围处烫防拉伸牵带。
拉链开口部分参照第110页

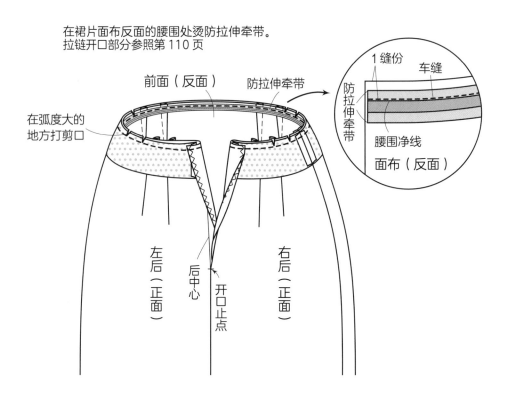

前面（反面）   防拉伸牵带

在弧度大的
地方打剪口

左后（正面）   右后（正面）

后中心

开口止点

1缝份   车缝

防拉伸牵带   腰围净线

面布（反面）

5 缝装拉链（参照第111页）

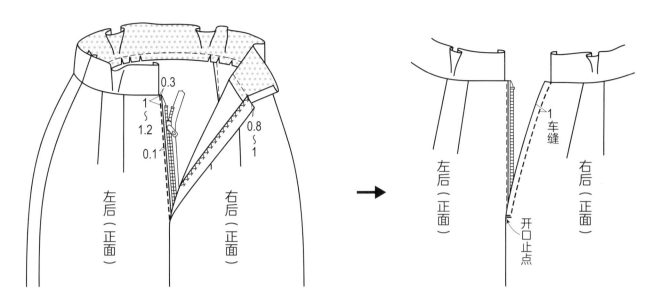

0.3
1~1.2
0.1
0.8~1
左后（正面）
右后（正面）

1 车缝
左后（正面）
右后（正面）
开口止点

6 缝装里布，在腰围处缉明线

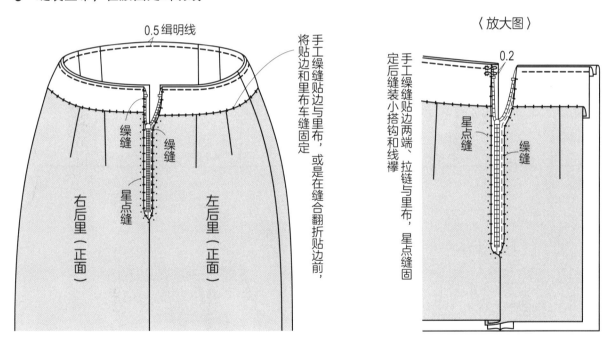

0.5 缉明线
将贴边和里布车缝固定
手工缲缝贴边与里布，或是在缝合翻折贴边前，
缲缝
缲缝
星点缝
右后里（正面）
左后里（正面）

〈放大图〉

0.2
手工缲缝贴边两端、拉链与里布，星点缝固
定后缝装小搭钩和线襻
星点缝
缲缝

褶裥裙的里布缝装方法

　　理想情况是在裙里布加入和面布相同的褶裥量，但还有节约里布的简单方法，就是在里布上加入开衩。

1 绘制里布纸样

面布纸样

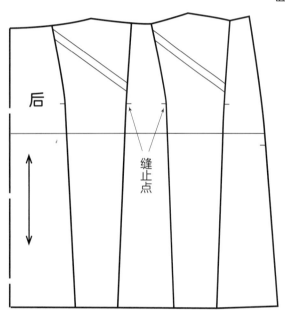

后

缝止点

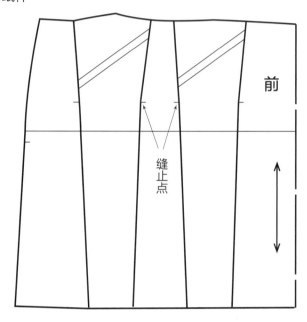

前

缝止点

里布纸样

合并面布纸样，去掉褶裥量

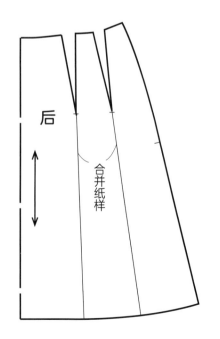

后

合并纸样

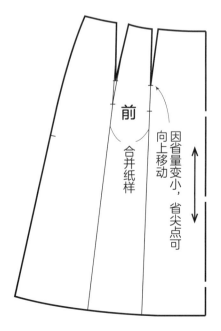

前

合并纸样

因省量变小，省尖点可向上移动

2 按缝份裁剪

1

2

后里

2~3
开衩缝止点
20~22
3
0.5~1

1

2

3
2~3
20~22
开衩缝止点
前里
0.5~1

3 缝合侧缝

1

2

前里（正面）

向外侧0.2车缝

倒回针

后里（反面）

开衩缝止点

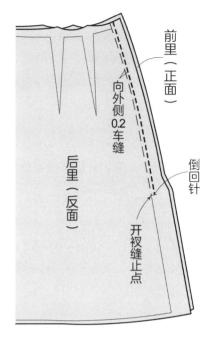

4 处理裙摆和开衩

裙摆向上翻折，后片缝份自然打开后在裙摆处三折缝

沿净缝线向前侧烫倒

车缝加固2次

0.1

2　2

1.5~2

线襻

后面（反面）

前面（反面）

5 完成

前里（正面）

线襻

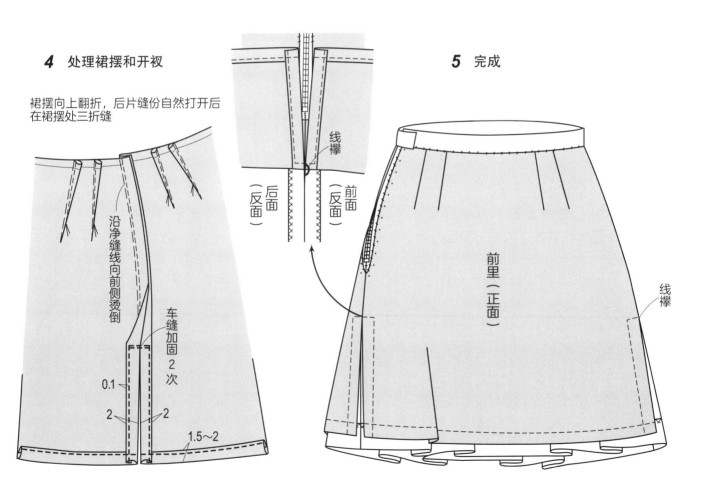

碎褶的抽褶方法

　　碎褶的抽褶方法有手工法和车缝法。车缝法因有针距大小限制，形成的是细小碎褶。手工法的针距可以随意调节，形成的碎褶大小也不同。针距小的就形成细小的褶皱，针距大的就形成粗大的褶皱。

　　碎褶裙的腰带缝装，需在缝制前用熨斗将缝份处的碎褶烫死，碎褶经过整理后，按对位记号将腰带与裙片缝合。

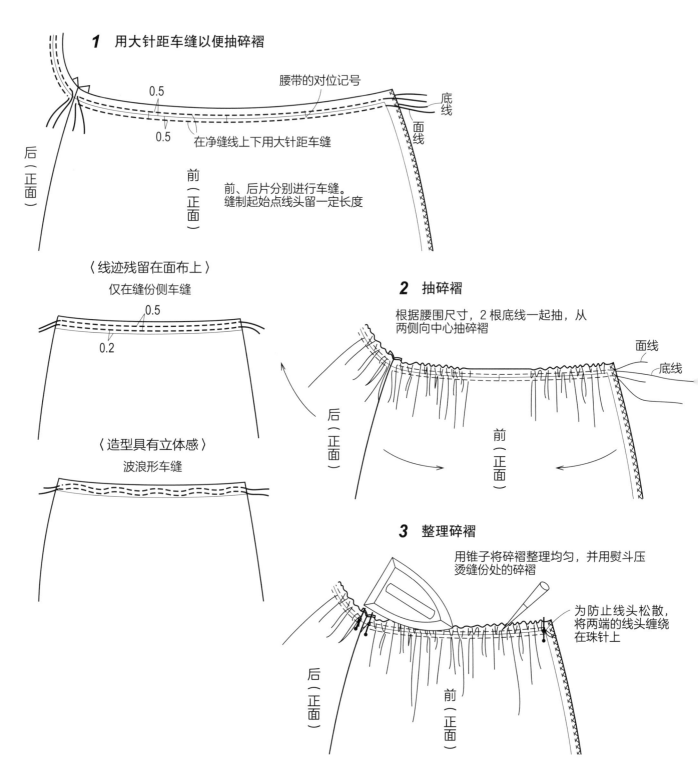

1 用大针距车缝以便抽碎褶

腰带的对位记号

0.5

0.5

在净缝线上下用大针距车缝

底线

面线

后（正面）

前（正面）

前、后片分别进行车缝。缝制起始点线头留一定长度

〈线迹残留在面布上〉

仅在缝份侧车缝

0.5

0.2

〈造型具有立体感〉

波浪形车缝

2 抽碎褶

根据腰围尺寸，2 根底线一起抽，从两侧向中心抽碎褶

面线

底线

后（正面）

前（正面）

3 整理碎褶

用锥子将碎褶整理均匀，并用熨斗压烫缝份处的碎褶

为防止线头松散，将两端的线头缠绕在珠针上

后（正面）

前（正面）

喇叭裙的裙摆处理方法

喇叭裙的裙摆量比较大，裙摆线自然、飘逸很重要。

1 裙摆向上翻折　　　　　　　　**2** 裙摆上缉明线

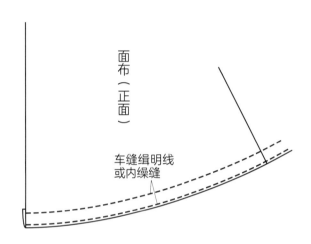

面布（反面）

拷边

用熨斗边归拢
边压烫

厚纸

1.5～2.5

面布（正面）

车缝缉明线
或内缲缝

〈放大图〉

固定缝制　　　　　　　　　　　轻柔缝制

双针明线　　　　　　　　　　　内缲缝

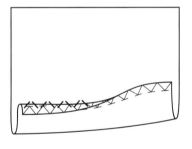

车缝缉明线　在拷边线上

轻薄面料

固定缝制　　　　　　　　　　　轻柔缝制

双针明线　　　　　　　　　　　边缘缝后缲缝

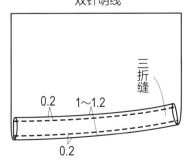

0.2　1～1.2　三折缝

0.2

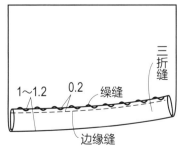

1～1.2　0.2　缲缝　三折缝

边缘缝

1.9 单向褶裥裙的缝制工艺

纸样制作

拷贝纸样，在阳裥折叠位置挖孔做记号。

布纹修正

折转褶裥时需经过高温蒸汽熨烫定型，所以羊毛织物要进行充分预缩处理。另外化学纤维织物在高温高压下可能不会发生变化，应该先尝试用小块面料折烫定型。

做记号

褶裥裙从裙摆开始向上做记号。

先检查裙摆线布纹方向的准确性，然后再拷边，裙摆向上翻折后内缲缝。压烫裙摆折叠部分，使面料厚度变薄。在面料上对准布纹方向并放置纸样，为了防止移动，在主要位置用珠针固定。

在阳裥和阴裥的折叠线上打线钉。阴裥折叠线与布纹方向相同，所以线钉的间距可以比阳裥略宽些。另外，为了易于辨别，阳裥与阴裥的线钉应选择使用不同颜色的线。

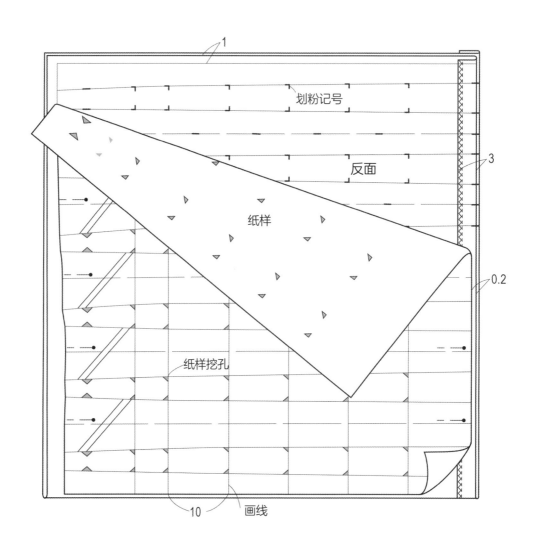

褶裥的折法与缝法

1 阴裥的折叠

依次将通过纵向布纹的阴裥折山折叠好，用熨斗用力压烫，熨烫后的裥应均等整齐。

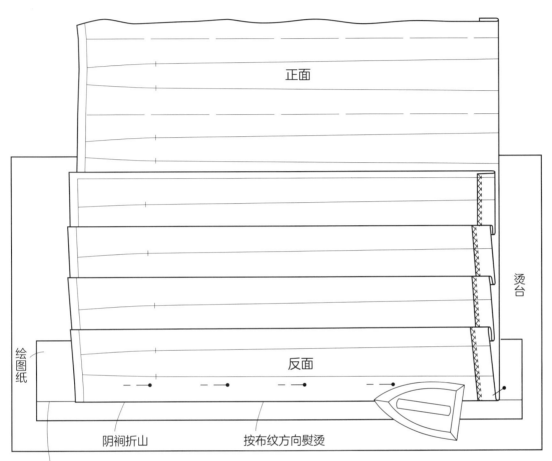

正面

反面

烫台

绘图纸

阴裥折山　　　　按布纹方向熨烫

在纸上划线，将裁片折叠线与纸上的直线对齐（防止长度较长的面料变形）

2 褶裥的缝制

将缝合止点的对位记号对合后假缝，从阴裥折叠位置至腰围处车缝。

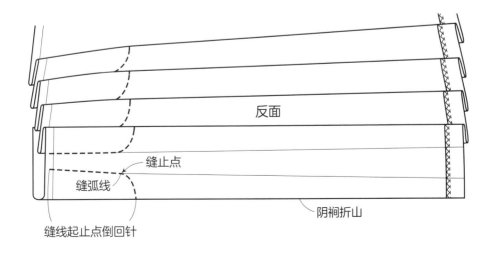

反面

缝止点

缝弧线

阴裥折山

缝线起止点倒回针

3 阳裥的折叠

　　将阳裥放在烫凳上，从腰围处熨烫至褶裥缝止点。将阳裥放在熨烫台上逐条折叠好，从缝止点熨烫到裙摆。为了保证褶裥折痕的顺直，利用剪好的厚纸配合熨斗熨烫。折叠与熨烫阳裥时，为了防止（面料）移动错位，应使用垫布或垫纸。

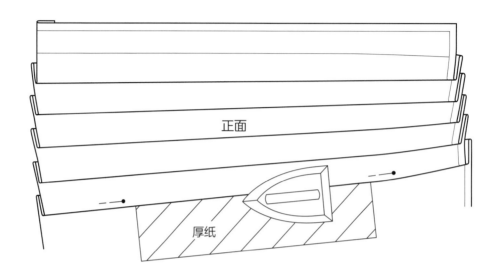

4 假缝固定褶裥

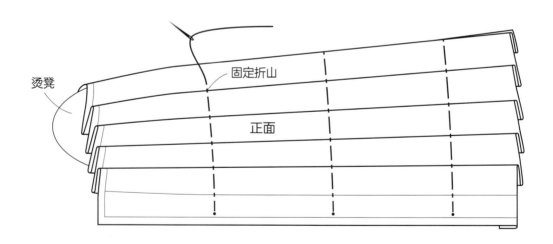

5 开口处缝装拉链，与阴裥折痕对合缝制

A 在阳裥折痕上缝制拉链

车缝阳裥折痕至缝止点，在阳裥折痕上缝制拉链。

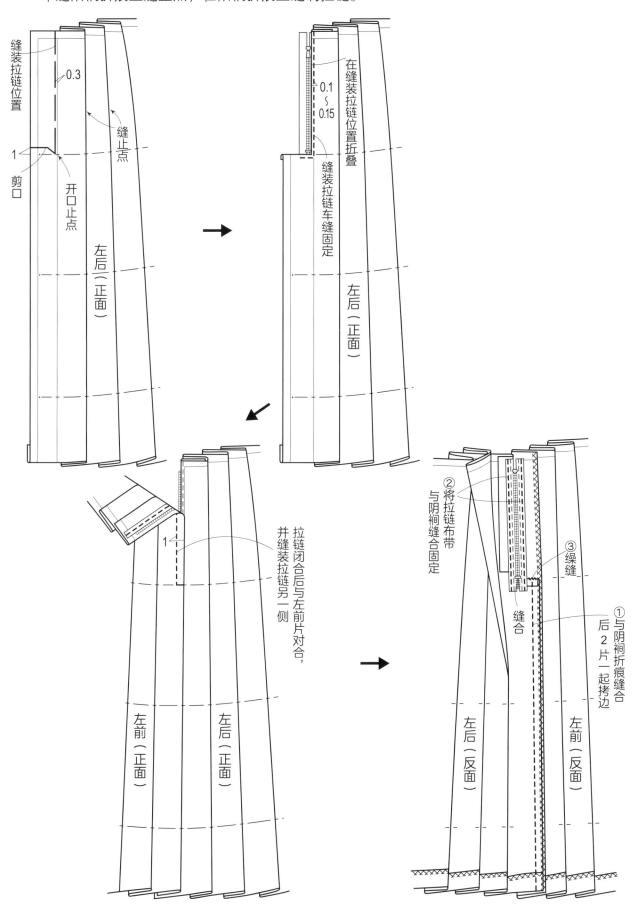

缝装拉链位置

0.3

缝止点

1 剪口

开口止点

左后（正面）

在缝装拉链位置折叠

0.1 ～ 0.15

缝装拉链车缝固定

左后（正面）

1

拉链闭合后与左前片对合，并缝装拉链另一侧

左前（正面）

左后（正面）

② 将拉链布带与阴裥缝合固定

③ 缲缝

缝合

① 与阴裥折痕缝合

后 2 片一起拷边

左后（反面）

左前（反面）

B 在阴裥折痕上缝装拉链

若阳裥折痕上没有拼缝，就在阴裥折痕上缝制拉链。

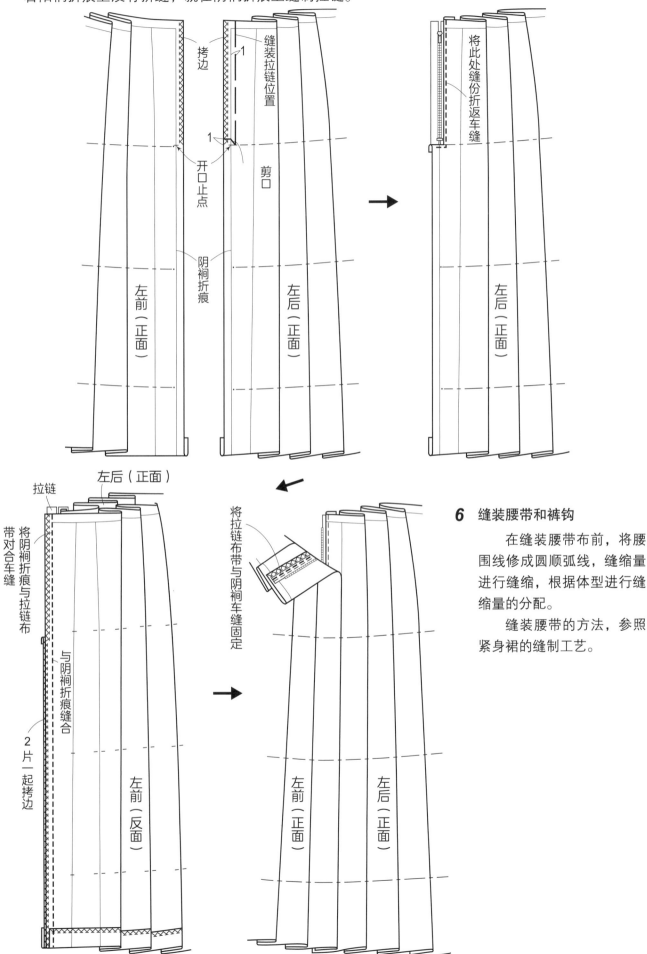

6 缝装腰带和裤钩

在缝装腰带布前，将腰围线修成圆顺弧线，缝缩量进行缝缩，根据体型进行缝缩量的分配。

缝装腰带的方法，参照紧身裙的缝制工艺。

样板制作

在用完成后的（假缝）样板缝制时，需要在纸样上放缝后裁剪，然后按缝合记号进行缝制。

缝份大小的确定
- 需要考虑材料的性能（厚度、弹性、撕裂强度、组织结构等）。
- 缝份沿净缝线作平行线。为了能对复杂曲线进行正确的缝合，需延长净缝线，将缝份作成直角（图1）。
- 后中心线、前后侧缝、腰围线和腰带、中心开衩、裙摆等，根据各部位的缝制方法来决定缝份宽度。
- 除部分部位有特殊要求外，原则上所有缝份的宽度都是一致的。
- 面布和里布的缝份，一般都是相同的。

缝份和对位记号的制作方法
- 各裁片的缝份根据缝合顺序来进行放缝。
- 在净缝线的外侧平行放缝。能灵活使用方眼定规与弧线尺更好（图2）。
- 为了缝合的方便和准确对合，缝合起点与终点位置的缝份角度应相同。主要的对合位置，为了保证准确对合，缝份应成直角。

裁剪和缝制要点
- 为了易于识别，可以在裁片上打剪口来取代划线，剪口的深度根据缝份的大小而有所不同，一般剪口深度为0.3~0.4cm，注意不要剪得过深。
- 缝制时为了保证剪口正确对合，用珠针将裁片固定，再根据缝份的宽度进行缝合。为了保证缝份的准确性，利用缝纫压脚辅助缉线定规来固定缝份的宽度。

图1

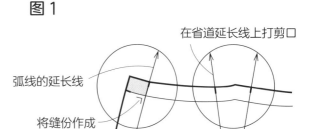

在省道延长线上打剪口
弧线的延长线
将缝份作成直角
平行
侧缝

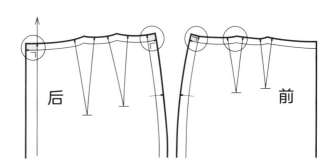

后　　　前

图2

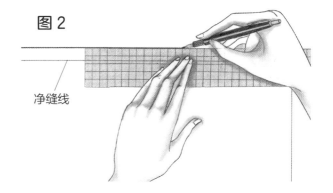

净缝线

图3

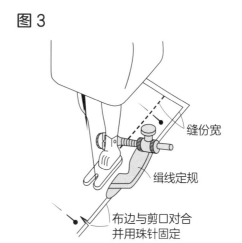

缝份宽
缉线定规
布边与剪口对合并用珠针固定

面布纸样　　〈例〉紧身裙

◁ 拉链缝止点
━○ 开衩缝止点

腰带　　　0.2　　布边

| 1 | CB | 右侧缝 | CF | 左侧缝 | CB | 1 |

1

★ 腰带与腰带里连裁的纸样

1

HL

2

左后

CB

▷

○

2

4～5

1

HL

2

▷

右后

CB

○

2

前

1

1

HL

2

前

CF

◎

4～5

里布的纸样

1

0.3

HL

2

右后

0.5

1.2

0.3

开口止点向下移动 0.5

CB

2

0.3

1

1～1.5

1

0.3

HL

0.5

0.3

左后

CB

0.3

2

0.3

1

1

0.3

HL

前

CF

◎

0.3（坐势量）

1

开口部分参照第 106 页

右后（正面）

右后里

左后里

左后（正面）

0.5

1.2　0.3

中心

第2章

裤子

pants

2.1 裤子概述

裤子

裤子是双腿分别被包覆时下身服装的形态。裤子是一种功能性很好且易于下肢运动的服装，作为男性服装，其历史较长。一般女性裤子造型的出现是从20世纪开始的。

裤子的称呼多种多样，在美国称为pantaloons的缩略语pants，在英国称为trousers或sacks，法国称为pantalon，在日本称为ズボン。

裤子的名称随着时代的变迁而有所变化，不过一般主要分为与男西装和礼服上衣配套穿着的正装西裤，以及与毛衣、衬衫组合穿着的单品西裤，裤子也可以根据穿着形式不同进行分类。女裤的变化与男裤相同。

裤子的变迁

公元前

古代波斯的长裤

裤子本来是游牧民族的基本服装造型，是为适应骑马生活的男性下半身服装，最初起源于亚洲。裤子既适合狩猎、战争的动作，还可以保暖，以及防止身体受到沙尘的侵袭。在寒冷的地区适合穿着瘦小、紧身的裤子，在温暖的地方适合穿着肥大、宽松的裤子。

13—14 世纪

肖斯

15—18 世纪

16 世纪的肖斯　　17 世纪的肖斯　　18 世纪的长裤

在14世纪左右，男女服装产生了明显的差异。女性穿着裙子，男性穿着肖斯，并配以分体的左右异色的紧身无裆袜（英语称为长筒袜）。

16世纪文艺复兴时期男性的服装款式，上装被称为波尔普万，与之搭配的下装为蓬松的圆球形肖斯（短裤）。在17世纪的巴洛克、18世纪的洛可可时期，裤子被称为裙裤，圆球形逐渐变小，裤长变长。18世纪末法国革命时期，短裤是皇室贵族人们的穿着，革命派的社会下层阶级人们穿着长裤。

19 世纪

19 世纪初的
华丽款式

灯笼裤样式

进入 19 世纪，英国绅士服传入法国，短裤变成了长西裤，礼帽和长筒靴的组合开始流行。这以后，长西裤成为绅士服装中的固定款式，开始走向近代的绅士服装。

20 世纪前半期

套装样式

19 世纪末，在女性中盛行自行车运动，喜欢自行车远行的女性越来越多，灯笼裤（短裤）也随之流行。热爱运动的女性、进入社会工作的女性、喜爱游玩的女性不断增加，20 世纪的服装在功能性方面变得更加舒适，女式长裤也随之流行。

另外作为男性服装，19 世纪末开始，平驳领西装和西装裤成为日常固定穿着，与现代的款式大致相同。

20 世纪后半期

萨布丽娜裤
（斗牛士紧身裤）

牛仔裤

长裤套装

第二次世界大战后，女性的地位提高，在女性进入社会和运动热情高涨的背景下，热门电影《龙凤配》中扮演女主角的奥黛丽·赫本所穿的斗牛士紧身裤被称为萨布丽娜裤并开始流行，特别受到年轻人的喜爱。1968 年秋冬巴黎时装发布会上，伊夫·圣·罗兰发布了长裤套装，女性的长裤款式也不再局限于休闲款式，经过面料、款式的变化已逐渐成为社交场合的正式穿着。另外，美国劳动者穿着的牛仔裤在年轻人中比较流行，无论男女裤根据裤长、设计、材料的不同，都可以有各种各样的款式变化。现代休闲化的服装潮流更强调功能性，牛仔裤在其中占有比较重要的地位。

2.2 裤子的种类、款式、材料

裤子的种类很多，根据造型、款式、裤长以及材料和用途，有各种各样的名称。代表性的款式根据臀部的松量、腿部形状等依次进行分类。

裤子的种类和材料

1）裤腿成直筒造型的裤子

裤管从上至下成直筒造型的裤子，根据松量、长度的变化有各种各样的款式。

材料

该款式适合选用织造比较紧密的面料，不易起皱纹，有一定弹力和具有悬垂性的面料。

毛织物：法兰绒、精纺缩绒、华达呢、美丽诺、哔叽、直贡呢等。

棉织物：平纹卡其、牛仔布、华达呢、灯芯绒等。

另外也可以选用聚酯纤维、天丝等化纤面料。

直筒裤

基本裤型，裤管的轮廓接近笔直的造型，松量根据流行可以进行不同的设计变化。适当的松量可以体现女性的曲线美，也有利于穿着的舒适性。

翻边西裤

男士裤的造型。大多选用织造比较紧密的男装面料，前后片熨烫出笔直、清晰的中缝线。

香烟裤

裤管轮廓如香烟一样，没有中缝线的紧身直筒长裤。

直筒裤　　　　翻边西裤

香烟裤

〈松量较多的款式〉

宽松筒裤

　　比直筒裤的裤管松量多，将臀围线的宽度一直延伸到裤脚口的造型，给人轻松、舒适之感。

袋形裤

　　像口袋一样宽肥的造型。整体呈宽大的直筒裤型。

宽松筒裤　　　　　　　袋形裤

〈裤长较短的款式〉

七分裤

　　像是裤腿被剪短，裤长短至小腿的裤子。

百慕大短裤

　　裤长短至膝围线上的裤子。因大量游客在美国避暑疗养地百慕大群岛上穿着而得名。

牙买加短裤

　　裤长到大腿中部的裤子。因加勒比海的牙买加岛而得名，夏天游玩时穿着者比较多。

超短裤

　　短裤的总称。短裤中最短的被称为超短裤。

七分裤　　　　　　　百慕大短裤

牙买加短裤　　　　　　超短裤

2）苗条造型的裤子

　　裤子整体松量较少，比较合体的款式造型。

材料

　　因为裤子是穿在身体上运动量比较大的部位的服装，适合选用有弹力、不易变形且结实耐用的面料。

　　具有动感设计、强调苗条的腿部曲线的裤子，适合选用伸缩性好且有弹性的材料。

紧身裤

　　臀部松量较少，从臀部向裤脚口廓形逐渐变细的裤子。也称细长裤、窄裤。

　　因为松量少，必须考虑日常动作（前屈、屈膝、弯腰等）所需的最小松量。

斗牛士裤

　　斗牛士穿的，裤长在脚踝上方的紧身裤。在裤侧缝脚口处加入开衩或开口，主要是为了便于穿着而设计。

　　另外这款裤子也与电影《龙凤配》中奥黛丽·赫本所穿的萨布丽娜裤相似。

骑车裤

　　因骑自行车时踩踏板方便而得名。裤长至膝盖以下位置的短裤款式。

踏脚裤

　　脚下就像骑马时踩着脚蹬或松紧带，裁剪面料时踏脚和脚口一起连裁的裤子，穿着时给人苗条、合体的感觉。

紧身裤

斗牛士裤

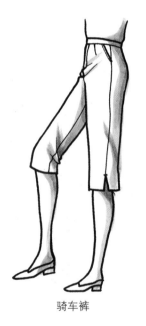

骑车裤

踏脚裤

3）裤脚口较肥大的裤子

裤脚口较肥大的裤型。既有从臀围线位置向下逐渐变肥大的款式，也有从膝部位置向下逐渐变肥大的款式。

材料

柔软有弹性的面料可以表现出动感飘逸的造型，吊钟裤造型也可以选用与细腿裤相同的面料。

喇叭裤

从腰围至臀围比较合体，从腿部开始松量逐渐变肥大的裤子造型。

牧童裤

起源于南美的牧童穿着的裤型，裤长至小腿肚，裤脚口肥大宽松的款式。

吊钟裤

从腰围至臀围合体且瘦，从膝部以下位置因向裤脚口加入喇叭而变肥大，形成吊钟造型的裤型。水兵裤（水兵或船员穿的裤子）也是该款式造型。

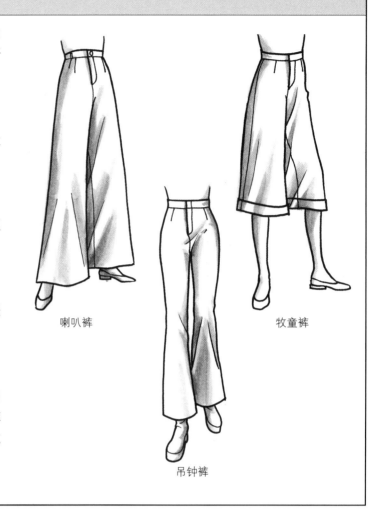

喇叭裤

牧童裤

吊钟裤

4）向裤脚口逐渐变细的裤型

是从腿部向裤脚口逐渐变细的裤型。

材料

适合选用和直筒裤相同的面料。

强调有体积感时选用弹性的、轻薄有张力感的面料，若选用似丝绸一样柔软面料并加入一定量的碎褶或褶裥，可以体现女性优雅之美。

锥形裤

与细腿裤相比，锥形裤从腰围至臀围加入碎褶或褶裥，具有一定的松量，从大腿开始至裤口廓形逐渐变细。

陀螺裤

强调腰部造型的裤型。因造型像西洋的梨形陀螺而得名。

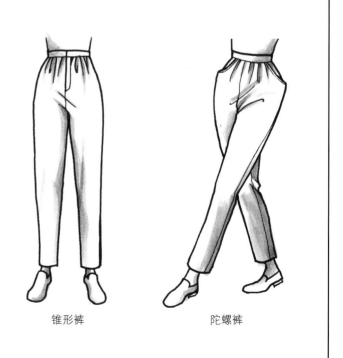

锥形裤

陀螺裤

5）裤脚口收紧的裤型

裤脚口部位通过碎褶或褶裥收紧，腿部形成膨松造型的裤子款式。

材料

膨松量较多的造型适合选用轻薄、柔软、不易起皱的毛料和化纤面料，能够充分表现出其优美的造型。

束脚裤

整体上具有松量，在脚踝位置裤脚口收紧安装带襻的裤型。

灯笼裤

灯笼裤是 knickerbockers 的简称。

整体具有松量的款式，裤脚口在膝下收紧后安装带襻的裤型。

哈伦裤

裤脚口较肥大，在脚踝部收紧而形成宽松的造型。因以前伊斯兰教国家女性普遍穿着而得名。

马裤

是骑马时穿的裤型，为方便骑马功能而设计。从膝部到大腿部宽松膨胀，从膝下到脚踝部合体，大多数安装纽扣或拉链。

灯笼短裤

在裤腿处有充足宽松量，在裤脚口收碎褶形成气球造型，裤长超短的裤子。

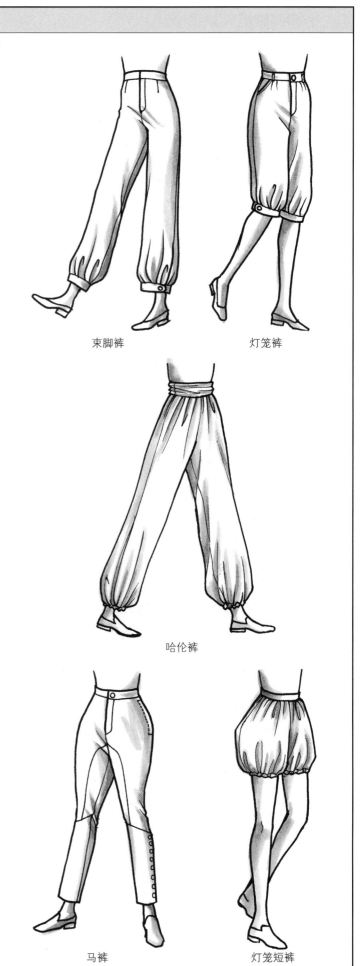

束脚裤　　　　灯笼裤

哈伦裤

马裤　　　　灯笼短裤

6）其他裤型

褶裤

是伊斯兰文化圈女性穿着的裤型，上裆部分较长，裆部宽松肥大，脚踝部位合体。穿着时形成的装饰褶是其主要特征。

伊斯兰裤

裤腰围一周加入碎褶，非常宽松，上裆垂至下摆。下摆连裁，只在裤脚口处收紧。是伊斯兰教国家民族服装的代表。

松腰裤

无开衩，在腰部加入弹性橡筋，腰围可随意变化，是比较自由、随意的一种裤子款式。

工装裤

在胸部增加挡布的裤子造型。

牛仔裤

采用织造比较紧密结实的棉布制作而成的裤子，19世纪50年代，在美国西部淘金热时期作为集中挖掘金矿的淘金者的工作服而制作出的款式。

裤子从细长苗条造型到宽松造型，款式多种多样，作为休闲服装固定下来。

褶裤　　　　　伊斯兰裤

松腰裤

工装裤　　　　牛仔裤

2.3 裤子的功能性

裤子是包覆着大部分下肢的服装。裤子从腰围线至臀围线和裙子的穿着形态大致相同，从臀围线以下则分成左右裤筒分别包覆着左右腿而形成筒状的造型。

臀关节、膝关节是步行、上下台阶、坐、蹲等日常动作运动量特别多的重要部位。为了不妨碍运动，能制作出具有良好功能的裤子，正确测量尺寸是最重要的，在准确的尺寸基础上根据款式加入适当的松量后绘制结构图，才能制作出造型优美、穿着舒适、合体的裤子。

多的部位是臀沟至裆底、膝盖至下裆部位。为了适应这些动作，加长后裆部尺寸是很重要的，坐时前裆部会反向产生一定的松量（图1）。不过站立时，裆部尺寸过长臀沟就会产生多余的松量，所以若只考虑穿着舒适性，那么必将失去穿着的美观性。

穿着时既美观、合体又舒适的裤子，需要充分考虑动与静的状态，再根据不同造型与用途来进行结构设计和缝制。

动作分析

日常动作（坐、蹲、前屈、上下台阶），运动较

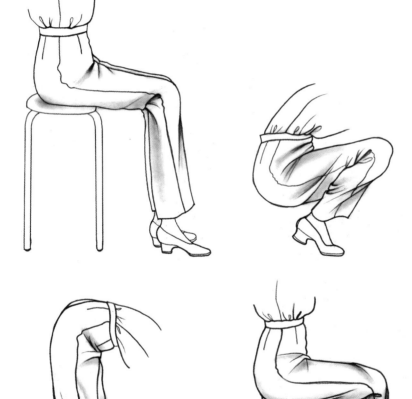

体型观察

不同的人，即使下肢围度尺寸相同，从侧面来观察的话（图2），体型上也有差异。要充分观察被测者腰部的厚度、臀部的起翘、大腿及大腿部突出的形态，并在制图中加以考虑。

图2　20~29岁女性标准体型

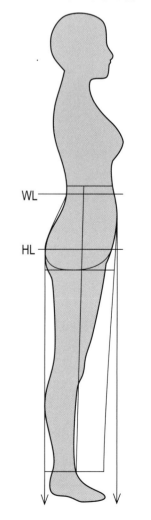

WL

HL

2.4 尺寸测量

尺寸测量时注意事项

测量时被测者下装应穿着带束腰的紧身衣裤，脚穿符合款式高度的高跟鞋，在腰围处加入腰带（在梭织牵带宽度中央加入线）或细带标注其位置，并保持水平。

测量位置和测量方法

- **腰围、中臀围、臀围尺寸**
  注意测量时卷尺不宜过紧，对于腹部比较突出的、大腿部较发达的特殊体型，在测量时要预估多余量，以防止尺寸的不足。

- **裤长**
  测量从腰围线到脚踝处的直线距离。以这个尺寸为基准，根据设计要求进行适当的增减。

- **下裆长**
  将直尺放在裆部，测量直尺上部到脚踝的直线距离。

- **上裆长**
  根据计算得出。用裤长减去下裆长（基础值）。

- **腰长**
  从腰围线至臀围线的长度。

- **上裆前后长（a至b）**
  从腰围前中心线穿过裆下量至腰围后中心线的长度。

- **大腿围**
  大腿部最粗部位围量一周长度。

- **膝围**
  膝关节中央一周长度。坐下、蹲下等姿势的尺寸也一起测量并准备好。

- **小腿围**
  小腿围最丰满处围量一周长度。

- **脚踝围**
  脚踝处围量一周长度。

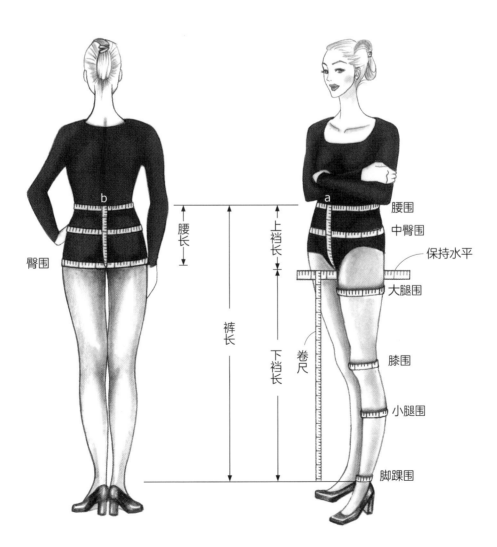

2.5 直筒裤（基本形）的制图

裤口宽松，从臀部到裤脚口从外观看成直线形的造型。因为从腰围到臀围较合体，从大腿部到膝盖部较宽松，所以从侧面观察造型比较美观，能够弥补体型的不足，是相对于什么人都适合的款式。

直筒裤是整体上松量比较均衡的款式，适合选用薄的羊毛面料和悬垂性较好的面料，给人以舒适、飘逸之感。

颜色可以选用淡青色、黑色、咖啡色、茶色等素色，容易搭配。传统的格子花纹、条纹面料，更能穿出优雅的风格。

使用量　面布：幅宽150cm　　用量160cm
　　　　面布：幅宽110cm　　用量220cm
　　　　黏合衬：幅宽90cm　　用量30cm
　　　　衬里布：幅宽100cm　用量40cm

各部位名称

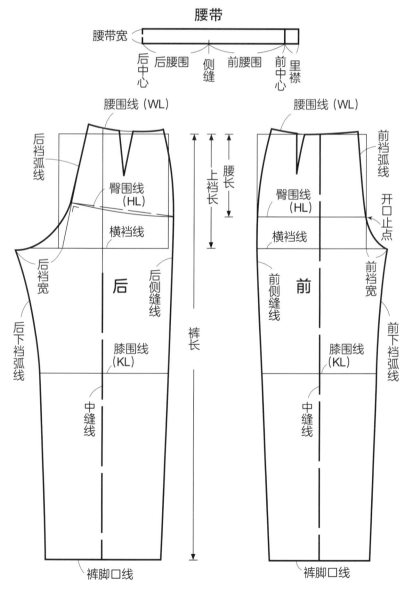

制图顺序

● 前片

① **画基础线**。先画相互垂直的两条线，纵向定上裆长和腰长，横向取 $\frac{H}{4}$ 加上松量（2cm），绘制成长方形。

② **在横裆线上取前裆宽**。前裆宽是将ⓐⓑ之间的距离4等分，以等分量减1.5cm为标准值。这个量要根据人体的厚度进行适当增减。

③ **绘制中缝线**。将ⓐⓒ之间距离2等分的位置作为中缝线，在此线上量取裤长。

④ **绘制膝围线**。将下裆长2等分，将等分点向上7cm处作为膝围线位置。膝围线比实际的膝部位置稍稍偏上，造型比较优美。

⑤ **确定裤脚口宽、绘制侧缝线和下裆线**。从侧缝线垂直向下，根据裤长横向画裤脚口线，并绘制侧缝线。

按照侧缝线一侧的裤脚口和膝围尺寸在下裆线侧取值（图1），并绘制下裆线。膝围线与ⓒ点连接。

①～③

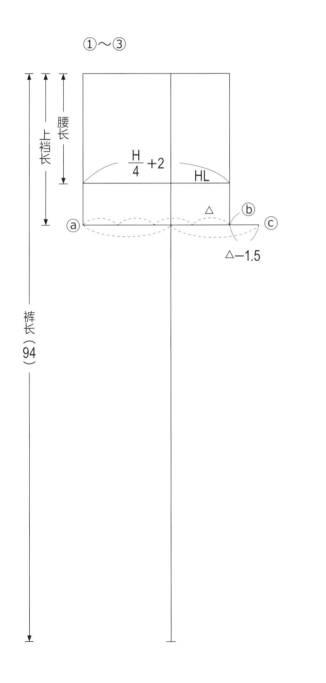

图 1

④ ⑤

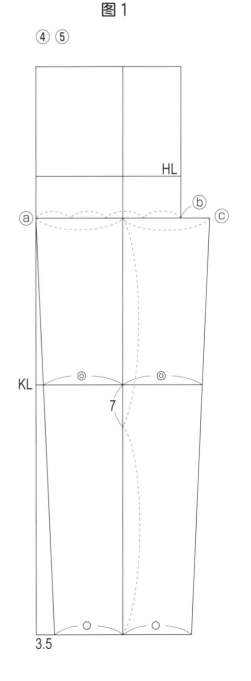

⑥ 绘制前裆弧线。

　　将臀围线与前裆辅助线交点与ⓒ点连接，过ⓑ点作连线的垂线，画顺前裆弧线，与前中心腰围线位置向里1.5cm处连接并画顺。

⑦ 绘制腰围线和腰省。

　　在侧缝线位置腰围线向内进1.5~2.5cm，为了适应腰部的体型，向上起翘1.2cm，然后画顺侧缝线、腰围线。

　　量取腰围尺寸（●），余量作为省道。

　　省道位于中缝线与侧缝线之间距离的2等分点。

⑧ 绘制侧缝袋位置及前中心拉链开口位置，并依次绘制出缉明线位置。

● 后片

⑨ 以前片为基准，绘制后片左侧基础线。膝围线尺寸和裤脚口宽，考虑到前片尺寸和小腿部形状，在中缝线两侧各加放1.5cm。

⑩ 绘制后裆弧线和下裆线。将中缝线与ⓓ点之间的距离2等分，从等分点向内进1cm，再将ⓑ点向中缝线移动1cm定为ⓒ点，过ⓒ点作引导线，在腰围线上起翘2~2.5cm作为运动量（后裆弧线的倾斜度是由臀部的丰满度决定的，臀部越丰满后裆弧线倾斜度越大，反之越小）。

　　在上裆线上再追加后裆宽（△-1）并绘制后裆弧线。与膝围线连接画顺下裆弧线。

　　拼合前后裆弧线，确认弧线的圆顺度（图2）。

⑪ 绘制腰围线和侧缝线。如图3所示在臀围线上量取后臀围尺寸，ⓘ点与膝围线（KL）连线至腰围线并延长，与腰围线相交后向内进1.5~2.5cm，且向上起翘1.2cm。

　　在臀围线，过ⓗⓔ点作垂线并向下画顺弧线。

　　弧线画顺臀围线处侧缝，并将膝围线点与脚口宽直线连接。

⑫ 绘制省道。量取腰围尺寸，将多余量作为省量。

⑬ 绘制腰带。

⑭ 加深完成线并标注裤片名称、布纹线方向。

图2

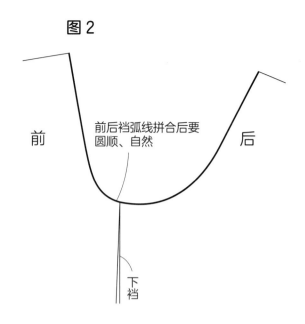

前　后

前后裆弧线拼合后要圆顺、自然

下裆

图3

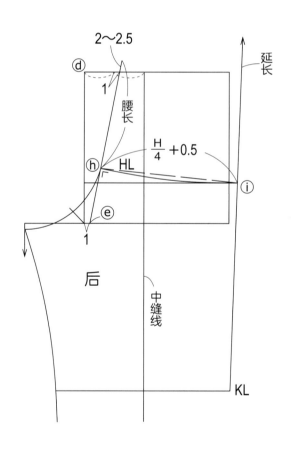

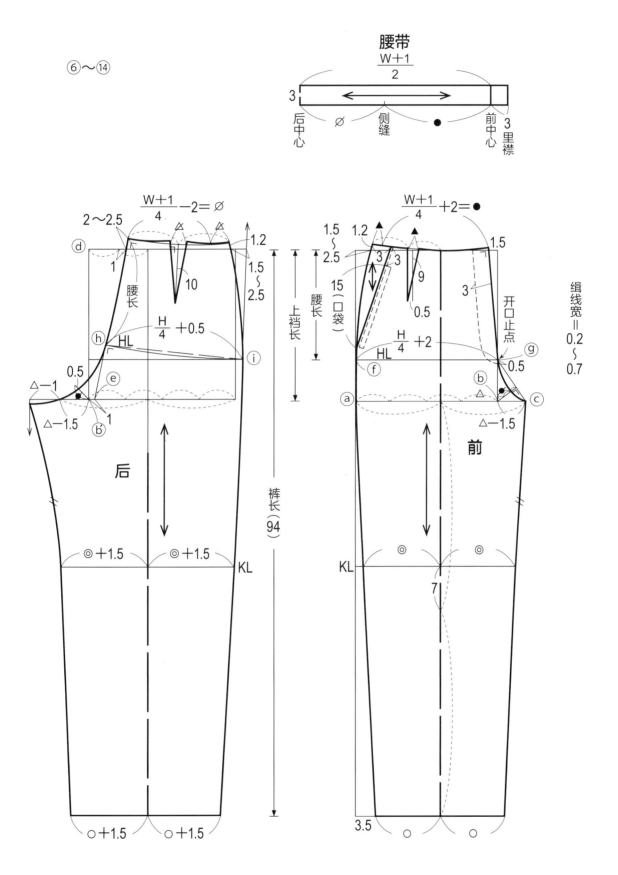

腰带

$$\frac{W+1}{2}$$

3

后中心　∅　侧缝　●　前中心　3里襟

⑥～⑭

$$\frac{W+1}{4}-2=∅$$

2～2.5

d　1

腰长

h　HL

$$\frac{H}{4}+0.5$$

i

0.5

e

△-1

△-1.5　b　1

后

1.2

1.5～2.5

上裆长

腰长

裤长(94)

◎+1.5　◎+1.5　KL

○+1.5　○+1.5

$$\frac{W+1}{4}+2=●$$

1.5～2.5

1.2▲　▲　1.5

3　3

15（口袋）

9

0.5

3

开口止点

f　HL　$$\frac{H}{4}+2$$　0.5　g

a　△　b　c

△-1.5

前

缉线宽=0.2～0.7

KL

7

3.5　○　○

2.6 设计展开与纸样制作

紧身裤

比较合体的造型，裤管由上至下逐渐变细，给人以轻快、运动之感的裤子。

如图所示，若采用精纺羊毛面料时，应增加适当的松量。

若采用有伸缩性的弹性面料时，松量应适当减少，这样才能形成比较合体的造型。

另外，将裤长减短后也可以作为休闲服、旅游服穿着。

使用量　面布：幅宽150cm　　用量140cm

　　　　面布：幅宽110cm　　用量210cm

　　　　黏合衬：幅宽90cm　　用量30cm

　　　　衬里布：幅宽100cm　　用量40cm

部件缝制工艺　口袋的缝制方法参照第188页

制图要点

● 前片

关于臀围的松量

前臀围的松量要考虑大腿部丰满度，一般采用$\frac{H}{4}$+1.5~2 cm。

确定裤脚口的大小

从ⓐ点向裤脚口线作垂线，将垂线与中缝线之间的距离在脚口线上 2 等分，再向外偏移 1cm，确定裤脚口的大小。膝围、脚口宽都以中缝线为对称线量取相同尺寸。

● 后片

后裆弧线的绘制法

将中缝线与ⓓ点之间的距离 4 等分，将靠近中缝线的 4 等分点与ⓒ点连线，在腰围线上起翘 3.5cm 作为运动量。

臀围松量少的裤型，后裆弧线倾斜度越大，腰围向上起翘量也将相应增加。

臀围线上侧缝的绘制

若后臀部在穿着时没有多余的松量时，外形会比较美观，所以从ⓗ点量取$\frac{H}{4}$+0.5cm。ⓘ点向下与膝围线 L 连接，向上与腰围线内收 1.5~2.5cm 点连接，并起翘延长 1.2cm，最后如图所示以弧线画顺侧缝线。

整体造型更加合体时

当裤型非常合体时，要考虑在大腿部、膝部、小腿部增加相应的量，在裤口位置加入开衩，也可加入拉链或纽扣等，总之必须着重考虑如何方便穿脱。

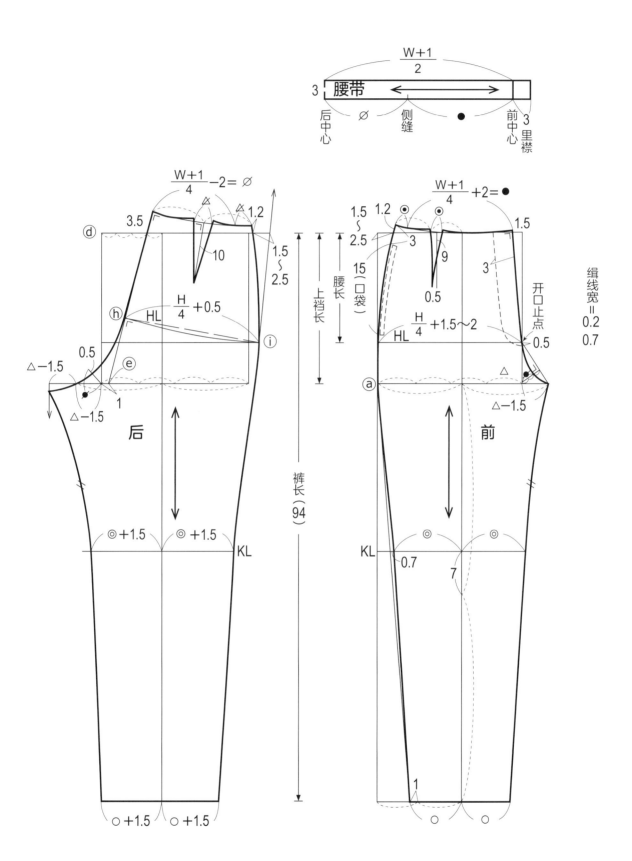

$$\frac{W+1}{2}$$

3 腰带

后中心 ∅ 侧缝 ● 前中心 3 里襟

$$\frac{W+1}{4}-2=∅$$

d 3.5

△ 1.2

10

$$\frac{H}{4}+0.5$$

h HL i

△−1.5 0.5

e

1

△−1.5

后

1.5～2.5

长裆上

腰长

◎+1.5 ◎+1.5 KL

○+1.5 ○+1.5

$$\frac{W+1}{4}+2=●$$

1.5 1.2
～ 3
2.5 ● ● 1.5

15 9

（口袋）口袋 0.5 3

$$\frac{H}{4}+1.5～2$$

开口止点

HL 0.5

a △

△−1.5

前

缉线宽＝ 0.2 0.7

KL 0.7

7

裤长（94）

◎ ◎

○ ○

1

吊钟裤

吊钟裤是在紧身裤的基础上变化而成的款式，是从膝上部至裤脚口逐渐变宽的造型。裤长与膝上部最细的位置、裤脚口宽的比例均衡是很重要的。在制图时正确测量裤管最细的位置（膝上部）非常关键。

面料适用范围较广，一般可采用印花棉布、牛仔布、弹性面料等。

使用量 面布：幅宽150cm 用量120cm
　　　　 面布：幅宽110cm 用量200cm
　　　　 黏合衬：幅宽90cm 用量30cm
　　　　 衬里布：幅宽100cm 用量20cm

部件缝制工艺 口袋的缝制方法参照186页
　　　　　　　 腰带的缝装方法参照 202 页

制图要点

横裆线以上的绘制方法

与紧身裤制图相同，再从腰围线向下截去 2cm 宽，从该线向下绘制腰带宽分割线。

作为腰围松量，在后腰省两侧各减少 0.3cm，将前腰省移到口袋位置。腰带上的省道合并。

腿部造型的绘制方法

为了从外观上看膝部最细处到裤脚口处较长，在紧身裤膝围基础上将裤管最细的位置向上提高，裤脚口处如图所示以弧线画顺。

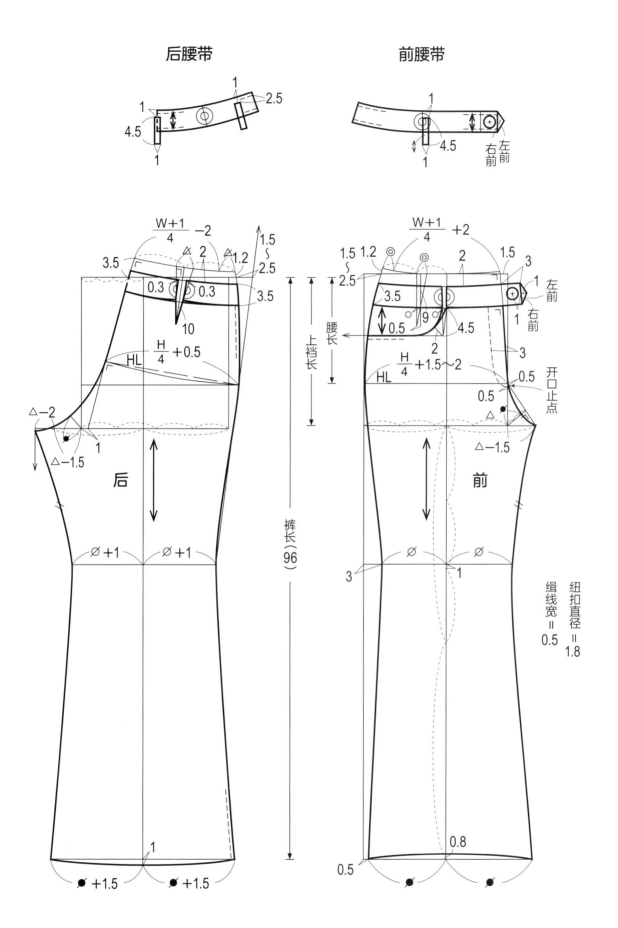

后腰带　　　前腰带

根据紧身裤的纸样展开

① 裤长加长2cm。

② 从腰围线向下2cm，绘制腰带宽分割线。

③ 绘制口袋形状，将前腰省移至口袋位置。

④ 膝部最细的位置在膝围线上方5cm处，膝围宽从两侧向内收0.4cm。

⑤ 裤脚口宽分别向两侧放4.5cm，并将后裤脚口弧线向下画顺。

⑥ 因为臀部松量较少，将门襟开口止点移至臀围线以下0.5~1cm。

⑦ 定腰带襻合适的位置（参照绘图）。

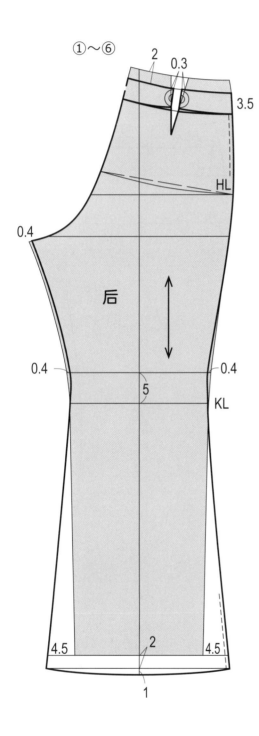

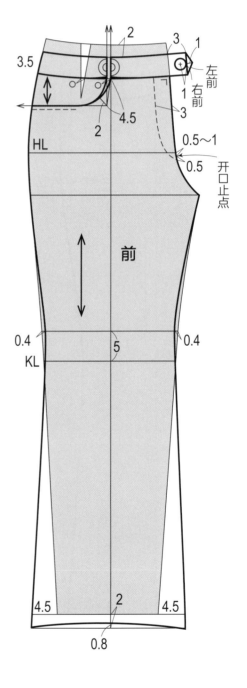

关于归拔

　仅仅将裁剪好的平面裁片缝合起来，是无法形成合体的造型的。所谓归拔，是利用熨斗（温度和湿度）来改变布纹的方向，通过拔开、归拢的工艺手法来塑造并形成立体造型。

　吊钟裤的造型，从侧缝和下裆缝的膝围处至裤口位置，因结构线倾斜度大，仅仅依靠缝制和缝合缝份难以形成漂亮的立体造型，所以要对膝围线位置进行拔开处理。

归拔方法

将两个裤片裤管最细位置的缝份对合，用熨斗进行熨烫拔开，将原本的净缝线烫顺直。

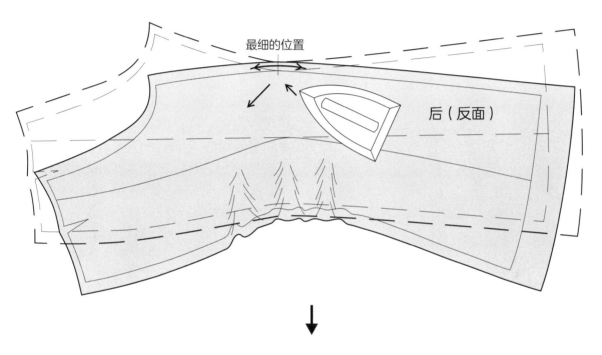

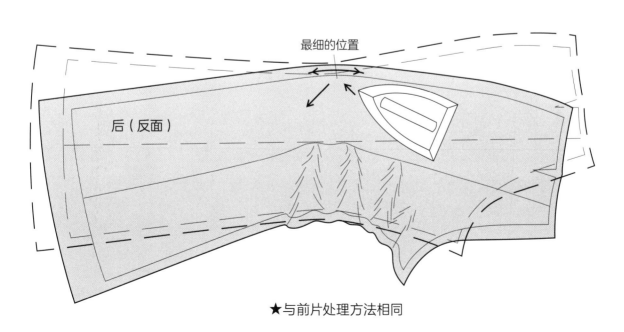

★与前片处理方法相同

宽松筒裤

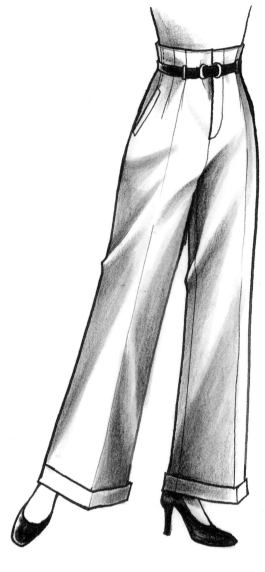

在直筒裤的腰部增加松量，在前片加入褶量，裤脚口比较宽大的裤子款式。为了在整体上给人较宽松的感觉，将裤长加长，腰围也裁剪成连腰款式。

材料不要采用厚质地面料，适合采用薄的、有弹性的羊毛、化纤等条纹面料或者传统的格子花纹面料。

使用量　面布：幅宽150cm　　用量240cm
　　　　　面布：幅宽110cm　　用量240cm
　　　　　黏合衬：幅宽90cm　　用量50cm
　　　　　衬里布：幅宽100cm　　用量40cm

部件缝制工艺　口袋的制作方法参照第184页
　　　　　　　缝装拉链和连腰的制作方法参照第197页
　　　　　　　裤脚口翻边的制作方法参照第204页

制图要点

关于臀围松量

与直筒裤相比，宽松筒裤的造型给人以宽松的感觉，所以前片尺寸为 $\frac{H}{4}$ +6cm，后片尺寸为 $\frac{H}{4}$ +2cm，分别绘制基础线。

腰围尺寸和褶量、省道量的分配

因为是连腰，在腰围加入 3~4cm 松量。将 2cm 前后差作为松量加入前腰围中，从后腰围中减去 2cm，将剩余的量 2 等分，作为褶量、省道量进行适当分配。

前片靠近中心侧的褶量比另一个褶多 0.5cm，褶止点位置分别在中心侧的横裆线、侧缝的臀围线上，褶的缝合止点在腰线下方 3cm 处。

后片的省道量相同，将连腰上部省道的两侧向里收进少许，作为腰部的松量。

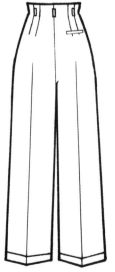

腰围缉线位置

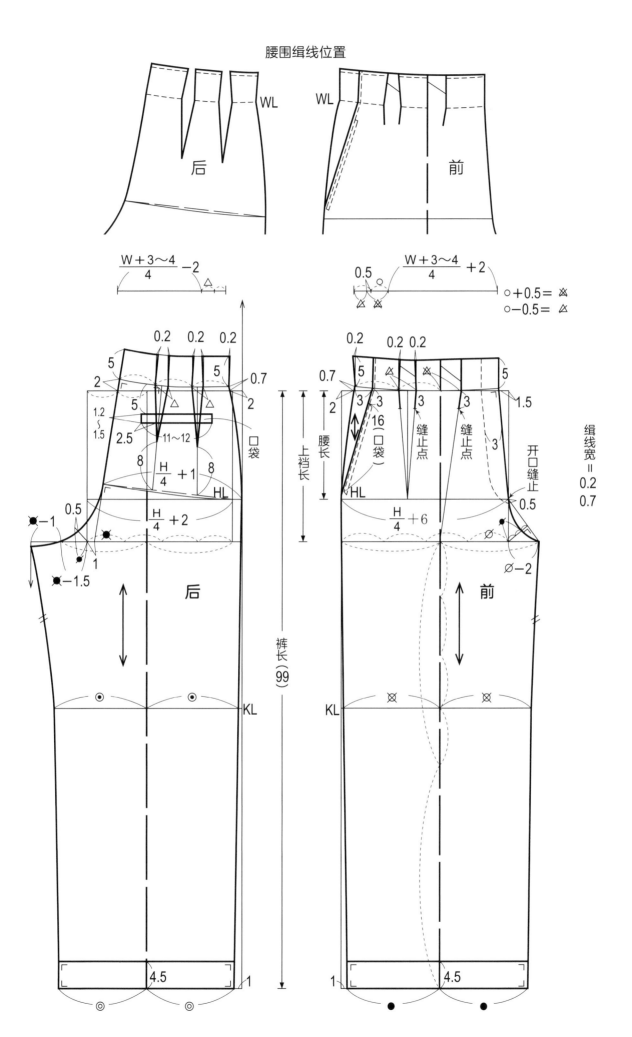

关于腰里贴边

把腰围线作为贴边线，将褶量、省量合并制作成纸样。

如果贴边加宽，可参照A、B两种纸样制作方法。

后贴边

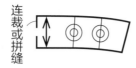

前贴边

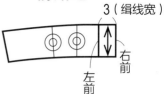

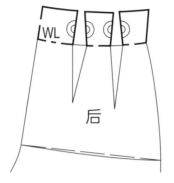

后

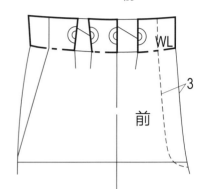

前

腰带襻

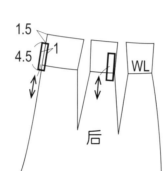

后

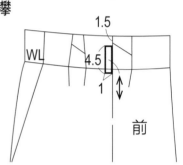

前

贴边加宽

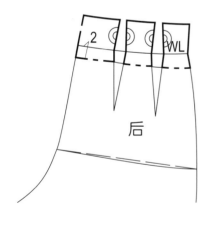

后

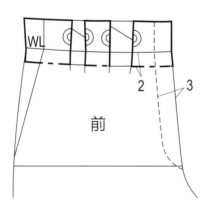

前

A 将各裁片拼缝（可归拔的面料）

将腰围的褶量、省量合并

后腰里贴边

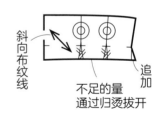

B 在褶、省的位置进行分割

后腰里贴边

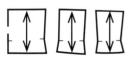

前腰里贴边

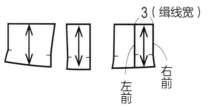

前腰里贴边

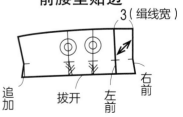

根据直筒裤的纸样展开

① 将前片的中缝线剪开加入4cm松量,前裆加宽0.5cm,再将ⓐⓒ之间的距离平分,画出新的中缝线。

② 将裤长加长5cm。

③ 确定侧缝直线造型。从臀围线向上和向下作垂线,将腰围处侧缝垂直向上并将其与原侧缝之间的余量三等分,将三分之一量加入腰围尺寸,裤脚口的侧缝内收1cm,并加放出翻边的宽度(4.5cm),以直角

画顺,绘制侧缝。

④ 减小后裆弧线倾斜度。在后裆腰围处加入1cm,将该点与ⓔ点连接。

⑤ 将裤脚口宽和膝围宽以中缝线为对称线在下裆线一侧量取相同尺寸,并画顺下裆弧线。

⑥ 绘制连腰腰围线。后中心处延长后裆弧线,垂直画前中心线和侧缝线,截取5cm作为连腰,画顺腰围线。

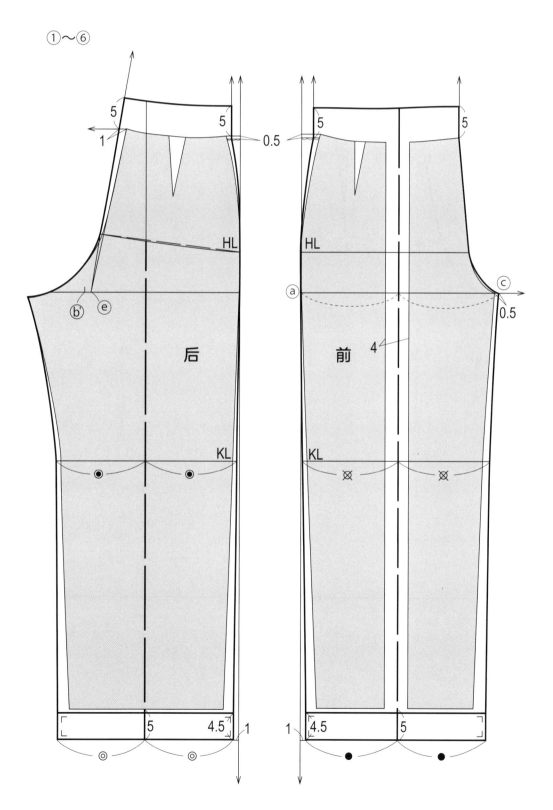

⑦ 绘制侧缝袋。从侧缝内收3cm，在腰围线下方3cm处按口袋大小向侧缝作直线。

⑧ 绘制前褶和后省。与第149页制图方法相同，先确定腰围尺寸，再将多余量进行褶和省的分配。

⑨ 绘制腰里贴边和腰带襻（作图方法参照第148页）。

⑦ ⑧

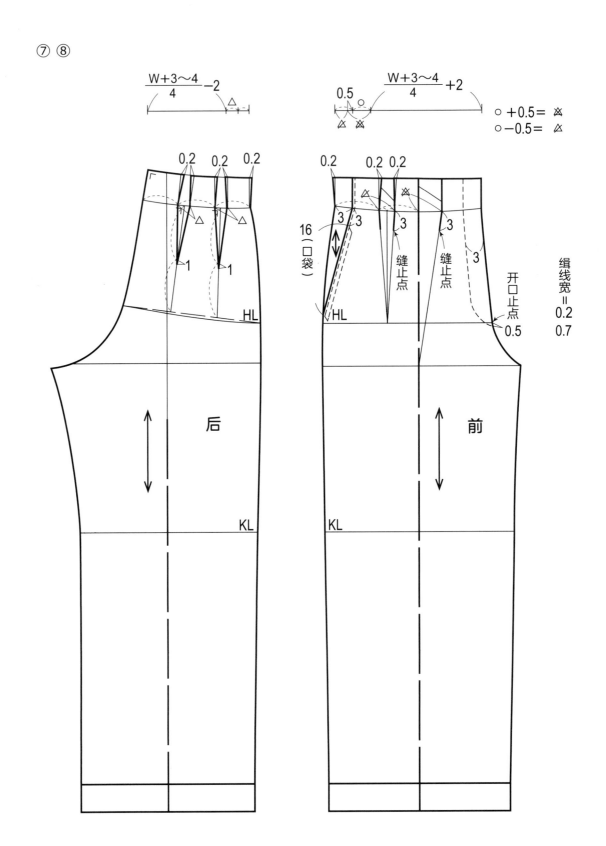

喇叭裤

　　腰围线至中臀围线部位合体并向裤脚口逐渐变得肥大、宽松的裤子款式。体现女性优雅气质。

　　采用棉和薄型毛料能体现都市女性气质特点。若采用有垂性的面料制作，也可作为正装和休闲装穿着。

　　本例根据直筒裤纸样展开进行绘图。

使用量　面布：幅宽150cm　用量210cm
　　　　　　面布：幅宽110cm　用量210cm

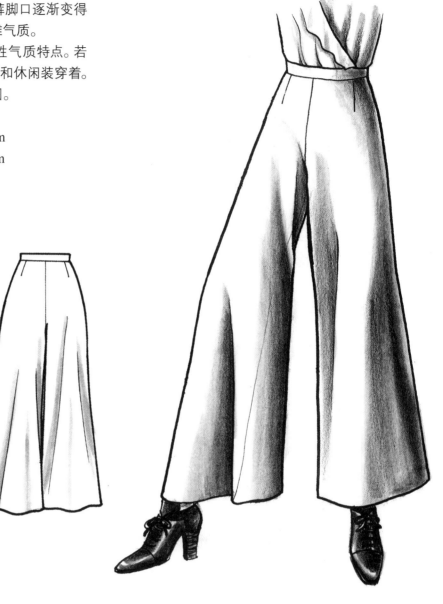

根据直筒裤的纸样展开

① 从前片ⓕ点向下作垂线，在裤脚口处向外加放4cm，将该点与ⓕ连接并延长至腰围线。在腰围线上将纸样侧缝线与延长线之间的距离二等分，画顺新侧缝线，将侧缝处加放的量在前中心处去除。后片绘制方法与前片相同。

② 为了使下裆缝整体形成宽松的造型，从前片ⓒ点向外加入1cm作为松量，并从该点向下作垂线。后片绘

制方法与前片相同。

③ 修正前后片裤脚口线。

④ 从前片省尖点和ⓖ点、后片省尖点和ⓗ点分别向下作垂线，画喇叭量的切展线。

⑤ 加入切展喇叭量。将横裆宽与裤脚口宽二等分，等分点连线作为布纹的方向。

⑥ 绘制腰带。

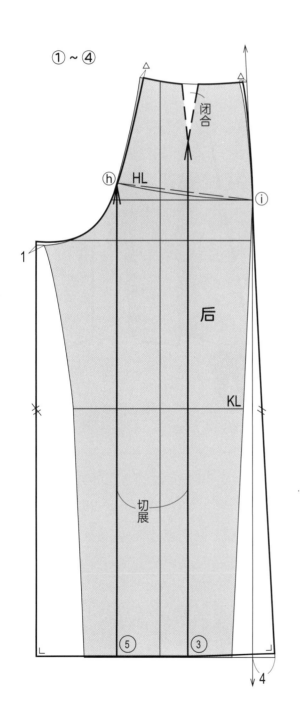

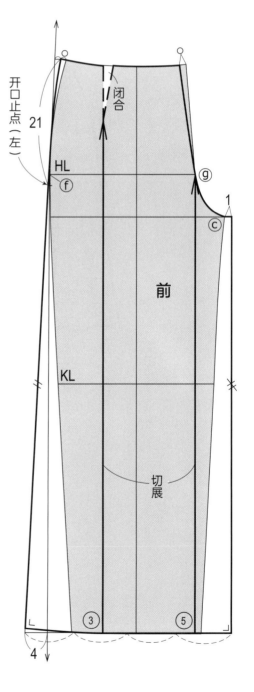

⑥

腰带

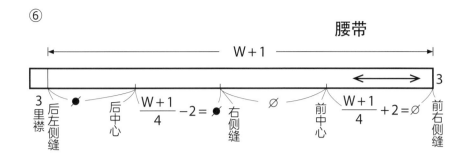

W+1

3

3
里襟

后左侧缝

后中心

$\dfrac{W+1}{4}-2=\bullet$

右侧缝

∅

前中心

$\dfrac{W+1}{4}+2=\varnothing$

前右侧缝

⑤

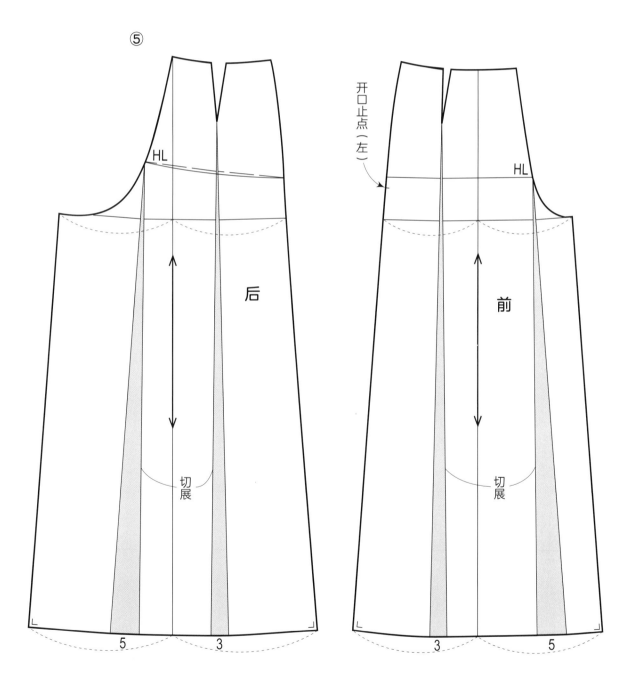

HL

后

切展

5

3

开口止点（左）

HL

前

切展

3

5

2.7 假缝方法与试穿补正

纸样制作

为了记录补正情况，应保留原来的制图线，用另一张纸拷贝轮廓线作为纸样（参考第 65 页的方法）。

在纸样上标注必要的裁片名称、布纹方向、对位记号、口袋位置、中缝线、缝合止点等。

复制的纸样应确认前后侧缝、前后下裆缝、腰围线和腰带的长度一致，前后裆弧线拼合后圆顺、自然。

〈例〉直筒裤

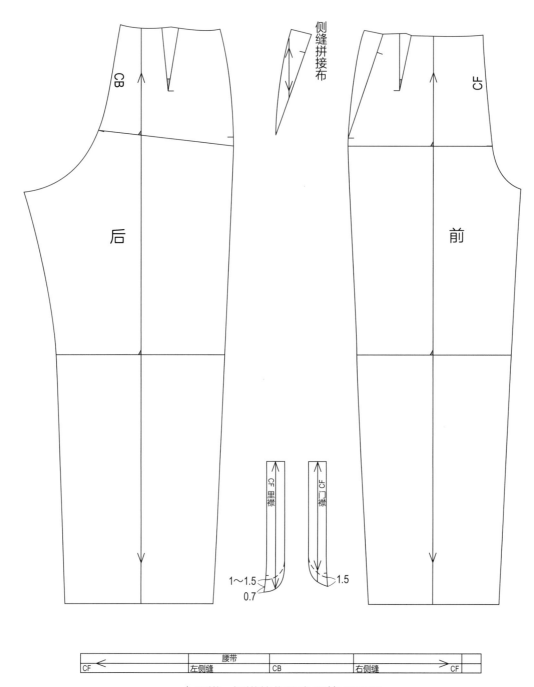

★里襟、门襟的作图参照第 167 页

裁剪

裁剪的要点

有毛向和光泽的面料，在裁剪时要注意保持前后片相同方向。布纹要通过中缝线。

腰带利用布边进行裁剪。配置前后纸样时如果布幅没有余量，也可以横向裁剪。

考虑到裤长、造型、松量等的补正，相关部位的缝份要适当多预留一些。

将假缝后裁剪的腰带、侧缝拼接布、门襟、里襟及裤片纸样等预先摆放，进行适当排料。

面料幅宽 150cm

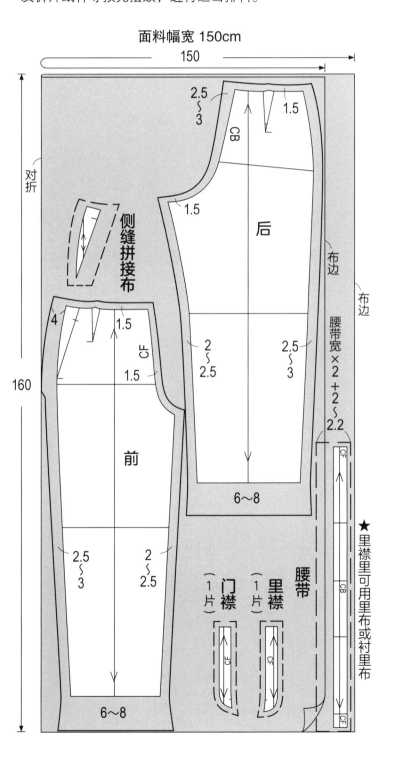

裁剪排料图　面料幅宽 110cm

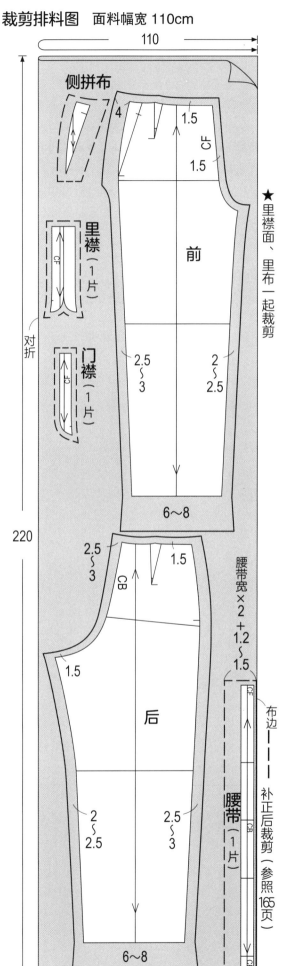

对合条纹格纹面料

下面以格纹面料为例说明如何对合条格面料。

有上下、左右之分的条纹面料，裁剪时应将纸样顺着同一方向摆好，一片一片进行裁剪。

对条格时，根据不同的格子大小，面料用量有所不同，一般比无条格面料用量要多 10%~20%。

前后裤片

● 以最显眼的纵向条纹为中心，对合中缝线。有时也可根据格子的大小，进行适当变化。

● 横条在裤脚口线对合。在裤脚口线选择深条纹会给人以稳定感，浅条纹会给人以轻快感。

侧缝拼接布

● 前裤口袋位置的条纹与侧缝拼接布对合。

腰带

● 根据条纹的粗细、颜色的深浅，来确定腰带宽的中心位置。

门襟、里襟

● 将门襟、里襟的腰围线与前片的腰围线条纹对准。

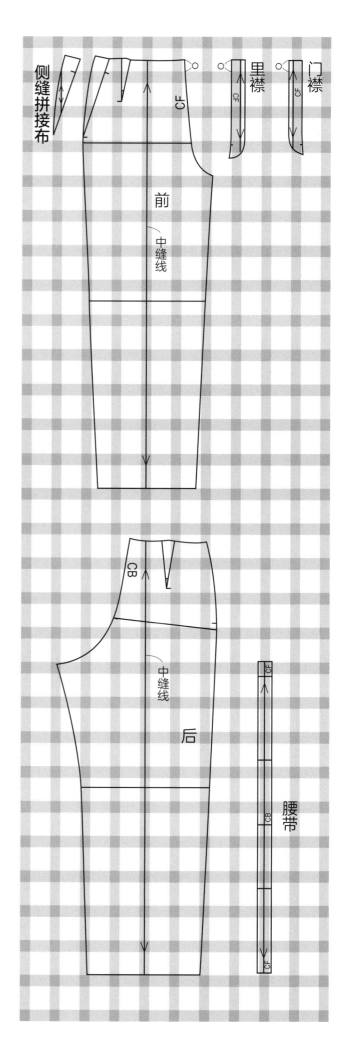

假缝

假缝时，假缝线要采用单股线，从起始点一直缝纫到止点，尽量不要接线。

拼缝后要从正面进行压绗缝。
对于中缝线需要压出折痕的，用熨斗轻轻烫出折痕。

〈直筒裤的假缝顺序〉

1 在臀围线、中缝线、口袋位置做好标记

2 缝合省道
将省量倒向中心侧并从正面进行压绗缝。

3 缝合侧缝
将缝份倒向前片并从正面进行压绗缝。

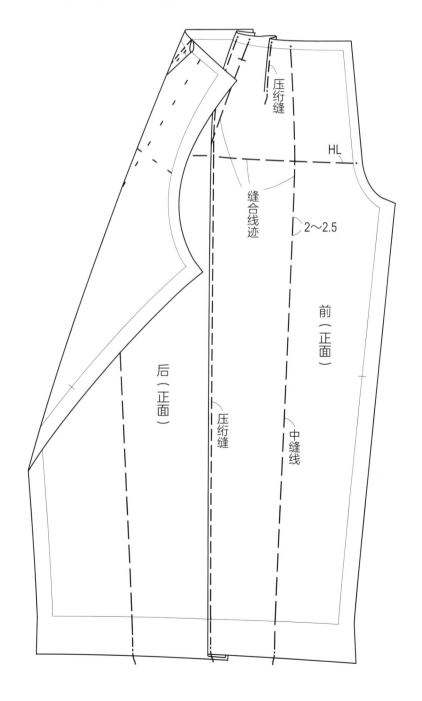

4 缝合下裆缝

　　缝合下裆缝时因裤腿已形成裤筒，为了防止另一侧侧缝缝份缝扭在一起，故在中间插入直尺便于假缝。

6 缝合前后裆弧线

　　将假缝好的两个裤筒左右裆缝对合，从前片的开口止点开始，缝至后裆腰围处，此弧线应采用双股线进行缝合。

　　缝份倒向左侧，对臀围线以上部分进行压绗缝。因前后裆弧线缝份向上立起，故不用压绗缝。

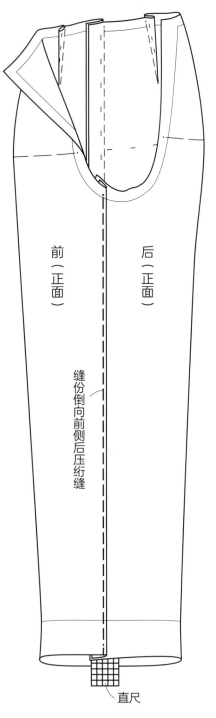

前（正面）

后（正面）

缝份倒向前侧后压绗缝

直尺

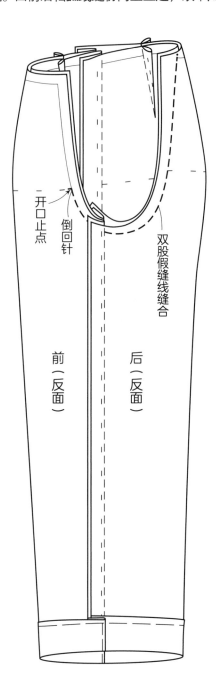

开口止点

倒回针

前（反面）

后（反面）

双股假缝线缝合

5 向上翻折裤脚边

　　沿净缝线翻折后压绗缝固定。也有在下裆线缝合前，先翻折裤脚边进行压绗缝的情况。

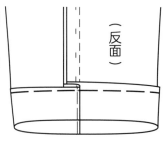

（反面）

7 缝合门襟

　　将门襟沿净缝线折返，从里侧进行压纫缝，再从正面沿净缝线假缝出门襟形状。

8 缝装腰带和裤钩

　　将腰带放于腰围缝份上叠合，对合对位记号后进行缝合，最后缝装裤钩。

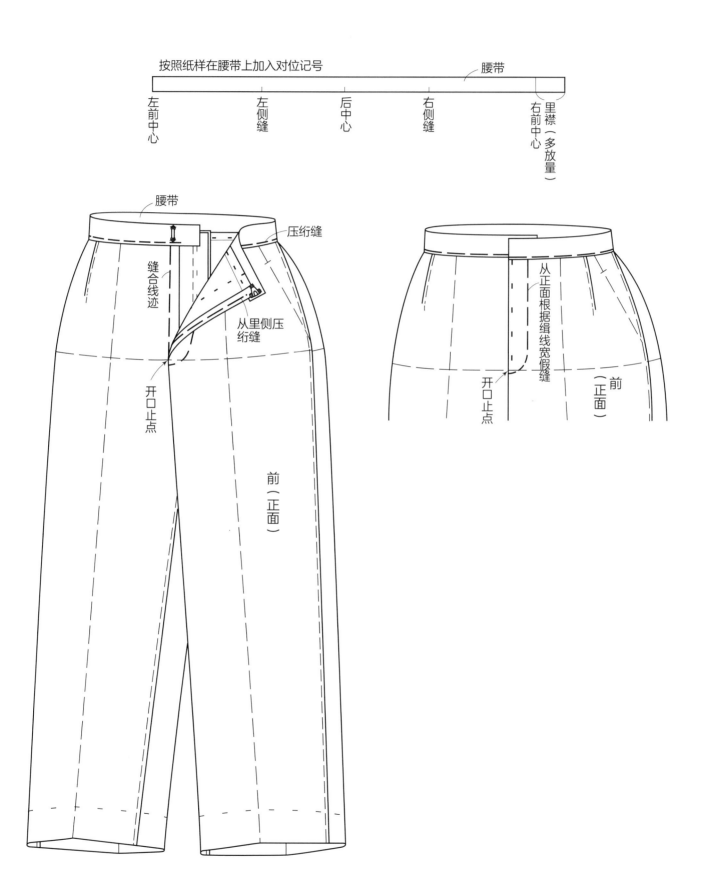

按照纸样在腰带上加入对位记号　　　　腰带

左前中心　左侧缝　后中心　右侧缝　右前中心　里襟（多放量）

腰带　　压纫缝

缝合线迹　　从里侧压纫缝

开口止点　前（正面）

从正面根据缉线宽假缝　开口止点　前（正面）

试穿补正与纸样修正

　　穿着正常着装的鞋，以自然姿势站立（双脚稍稍打开）。

补正方法
- 对于松量多的部位，将余量折叠起来并用珠针别合。
- 松量不足时，如果是由于尺寸测量不准确而造成的，对于尺寸不足部位，在纸样上修正不足的量之后再进行假缝。

〈例〉直筒裤

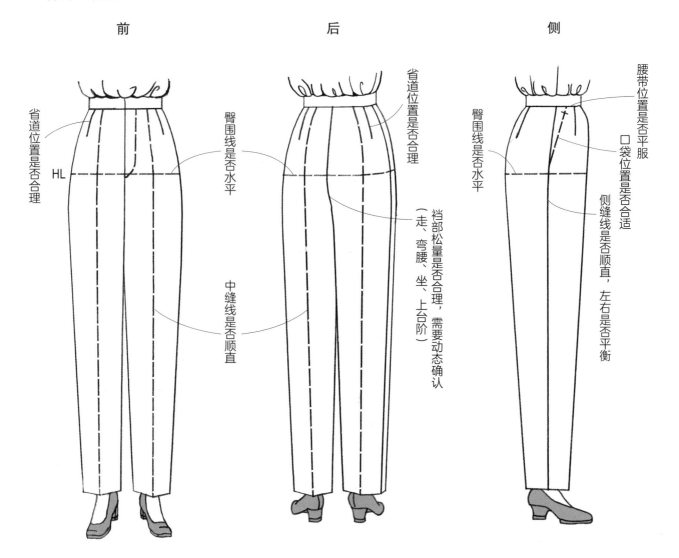

前　　　　　　　　　后　　　　　　　　　侧

省道位置是否合理

HL

臀围线是否水平

中缝线是否顺直

省道位置是否合理

裆部松量是否合理，需要动态确认（走、弯腰、坐、上台阶）

臀围线是否水平

腰带位置是否平服

口袋位置是否合适

侧缝线是否顺直，左右是否平衡

一、腰部在侧缝位置形成褶皱

腰部向外非常突出时，在侧缝位置会形成褶皱。所以应补正不足量。

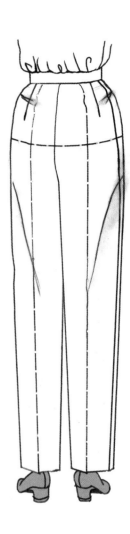

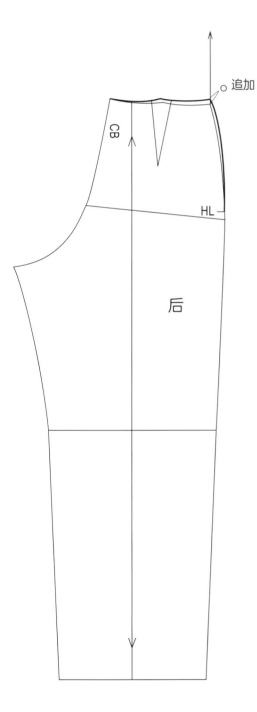

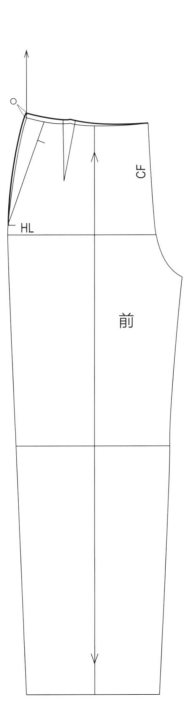

二、后臀围线起吊

后裆弧线尺寸不足时，臀围线向上起吊形成褶皱。

为了使臀围线保持水平，需要加长后裆弧线，并在腰围处修正腰围线。

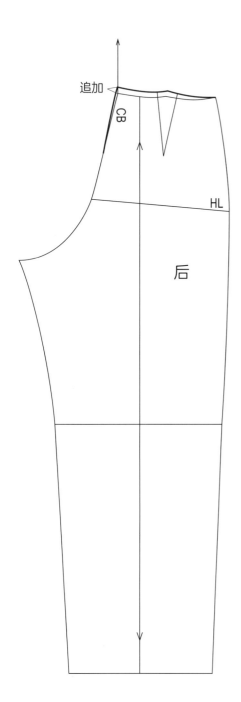

追加

CB

HL

后

三、后臀围线下垂

后裆弧线尺寸过长，造成臀围线下垂，从而形成多余褶皱。

为了保持臀围线的水平，修剪掉多余的后裆弧线，并在腰围处修正腰围线。

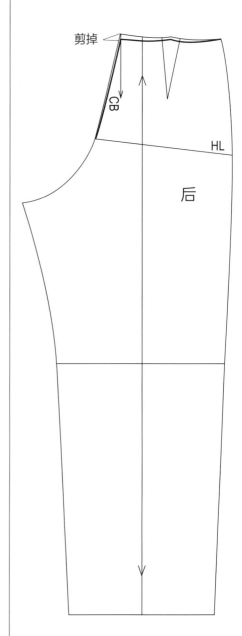

剪掉

CB

HL

后

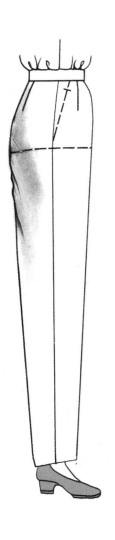

四、后裆部产生多余褶皱

当穿着者身体厚度不足，是扁平型身材时就会出现该问题。

修正方法是将后裆线闭合一部分，并减小后裆宽。

另外，后裆部不足时，可在臀围线上剪开后裆弧线进行量的追加。

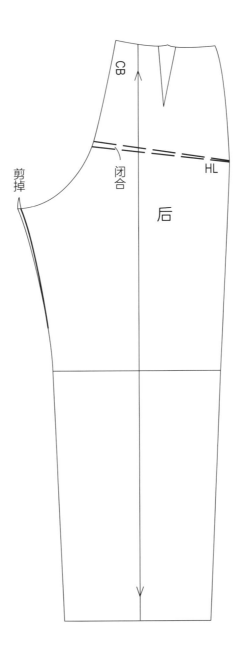

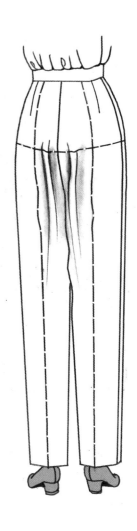

五、纸样修正与正式缝纫前缝份的整理

　　修整补正后的纸样，清理裁片正面的线钉。

　　因为假缝时需补正，缝份预留较多，纸样修正完成后须将多余的缝份修掉，再修正侧袋位置和袋口线的倾斜度。

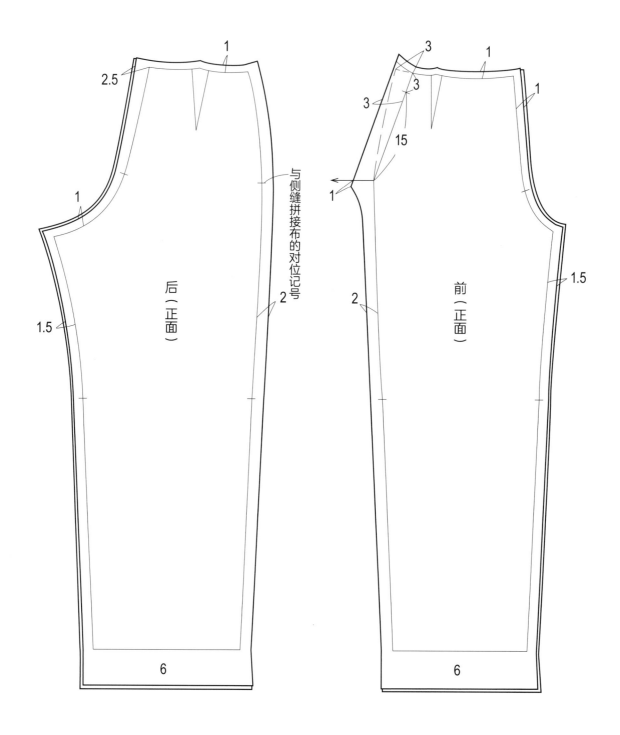

六、部件裁剪

里襟、门襟、侧缝拼接布、袋布、腰带布的纸样制作与裁剪。

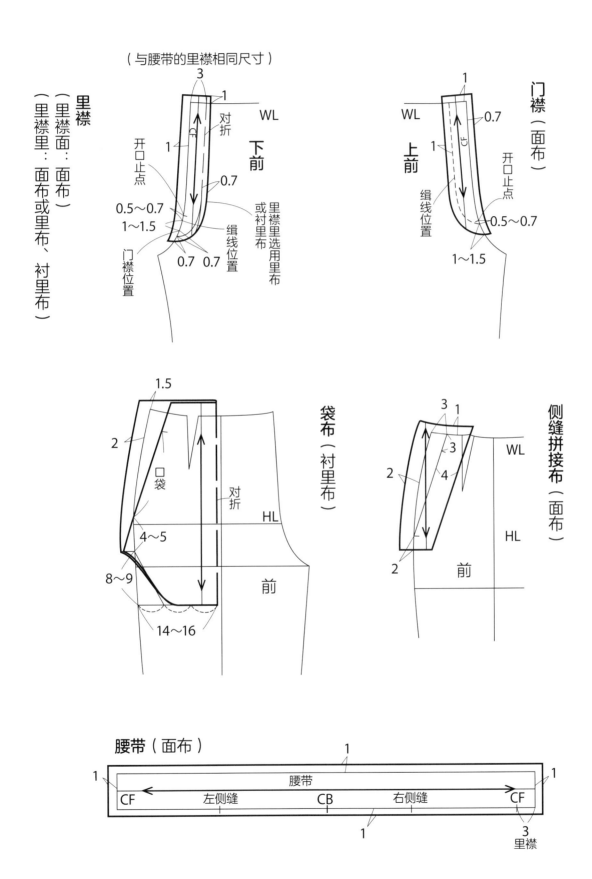

2.8　直筒裤的缝制

无夹里裤

1　缝份进行拷边

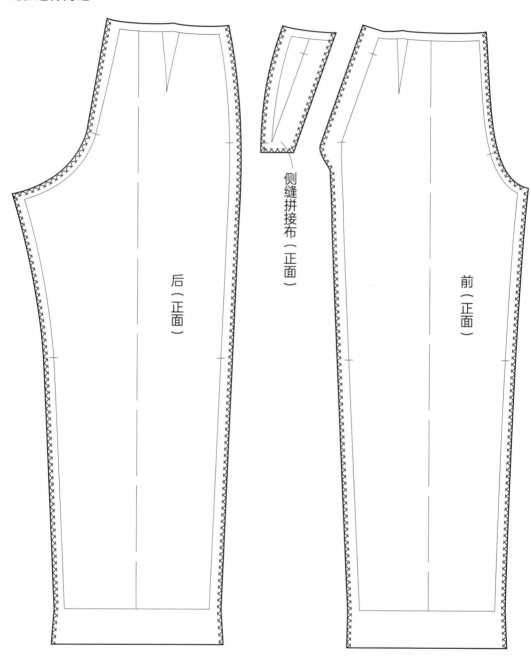

后（正面）

侧缝拼接布（正面）

前（正面）

2　门襟、里襟烫黏合衬

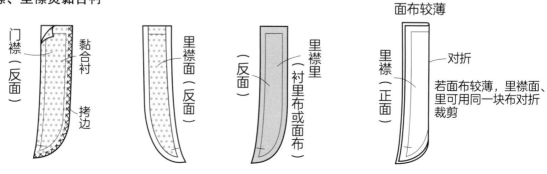

门襟（反面）

黏合衬

拷边

里襟面（反面）

里襟里（衬里布或面布）（反面）

面布较薄

里襟（正面）

对折

若面布较薄，里襟面、里可用同一块布对折裁剪

3 缝制里襟

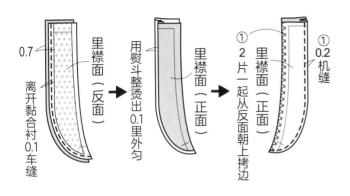

离开黏合衬0.1车缝

0.7

里襟面（反面）

用熨斗整烫出0.1里外匀

里襟面（正面）

2片一起从反面朝上拷边

① 里襟面（正面）

① 0.2 机缝

4 缝制侧缝口袋

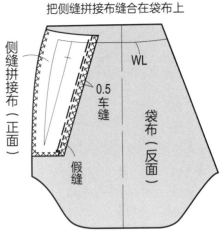

把侧缝拼接布缝合在袋布上

侧缝拼接布（正面）

0.5 车缝

假缝

WL

袋布（反面）

无夹里裤袋布的内侧是反面，有夹里
裤袋布的内侧是正面

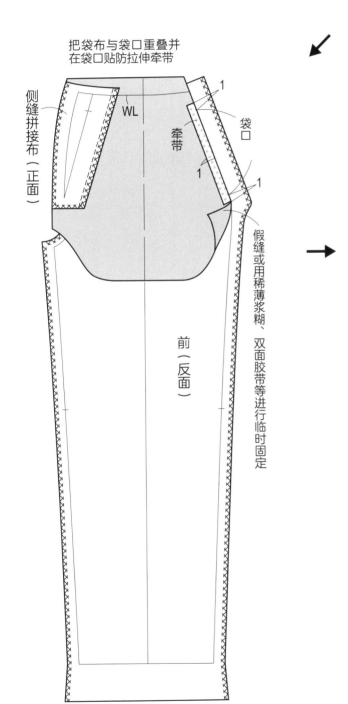

把袋布与袋口重叠并
在袋口贴防拉伸牵带

侧缝拼接布（正面）

WL

牵带

袋口

1

1

1

假缝或用稀薄浆糊、双面胶带等进行临时固定

前（反面）

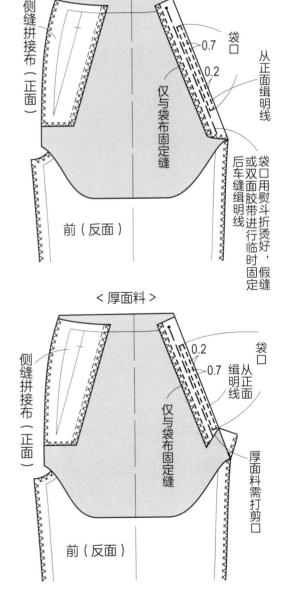

袋口车缝缉明线

侧缝拼接布（正面）

0.7

袋口

0.2

从正面缉明线

仅与袋布固定缝

袋口用熨斗折烫好，假缝或双面胶带进行临时固定

后车缝缉明线

前（反面）

＜厚面料＞

侧缝拼接布（正面）

0.2

0.7 缉明线

袋口

仅与袋布固定缝

从正面缉明线

厚面料需打剪口

前（反面）

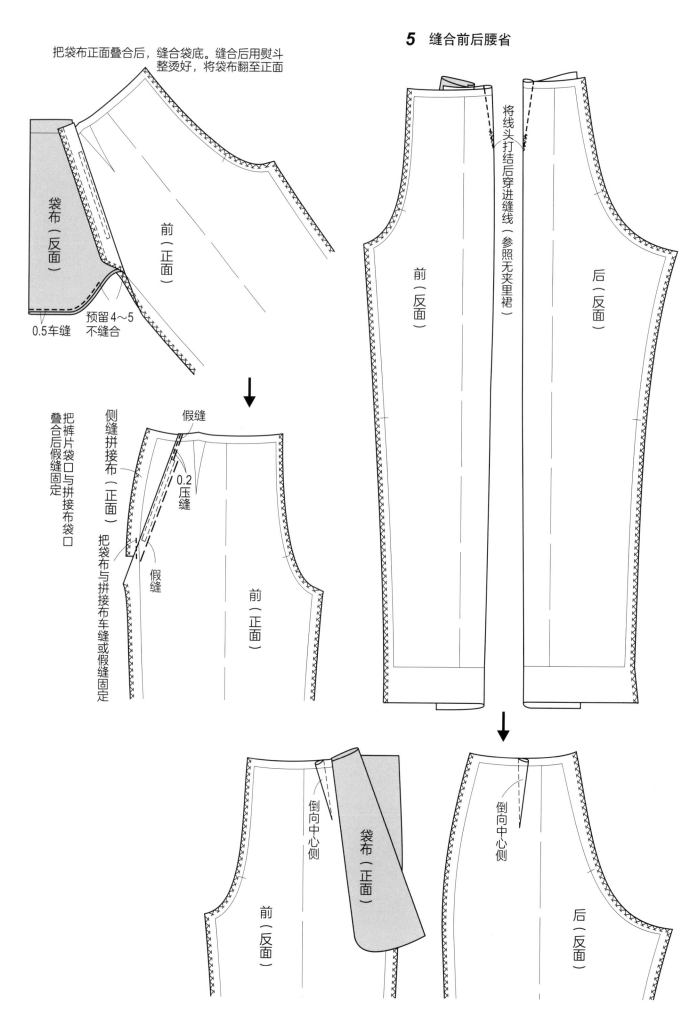

把袋布正面叠合后，缝合袋底。缝合后用熨斗
整烫好，将袋布翻至正面

5 缝合前后腰省

袋布（反面）

0.5车缝

预留4～5
不缝合

前（正面）

把裤片袋口与拼接布袋口
叠合后假缝固定

侧缝拼接布（正面）

假缝

0.2压缝

假缝

把袋布与拼接布车缝或假缝固定

前（正面）

将线头打结后穿进缝线（参照无夹里裙）

前（反面）

后（反面）

倒向中心侧

袋布（正面）

前（反面）

倒向中心侧

后（反面）

6 缝合侧缝和袋布

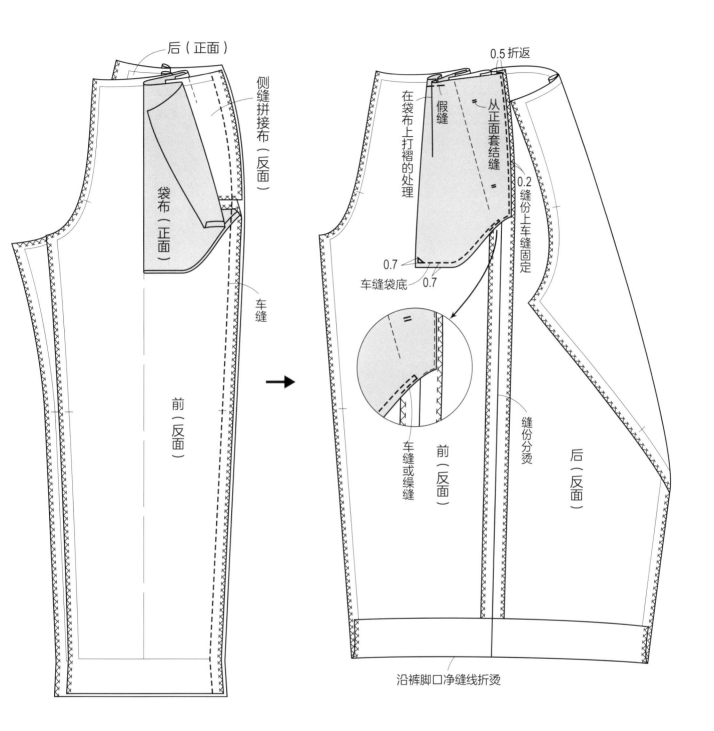

后（正面）

侧缝拼接布（反面）

袋布（正面）

前（反面）

车缝

0.5 折返

在袋布上打褶的处理

假缝

从正面套结缝

0.2 缝份上车缝固定

车缝袋底

0.7

0.7

缝份分烫

前（反面）

后（反面）

车缝或缲缝

沿裤脚口净缝线折烫

7 缝合下裆线，缲缝裤脚口

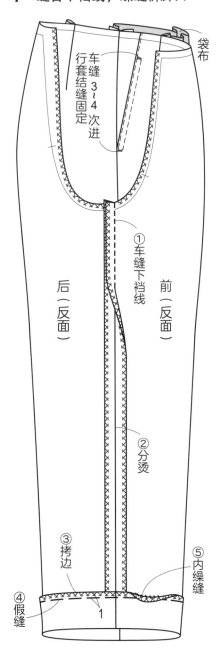

袋布

车缝3~4次进行套结缝固定

①车缝下裆线

后（反面）

前（反面）

②分烫

③拷边

④假缝

1

⑤内缲缝

8 用熨斗烫中缝线

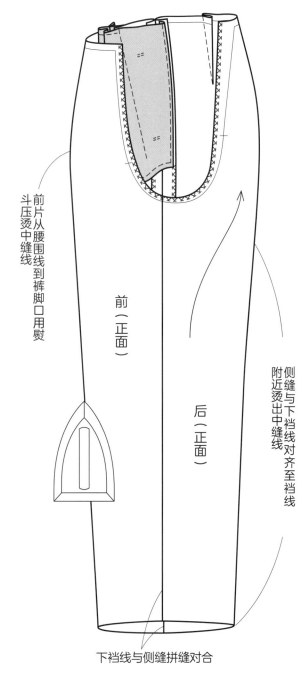

前片从腰围线到裤脚口用熨斗压烫中缝线

前（正面）

后（正面）

侧缝与下裆线对齐至裆线附近烫出中缝线

下裆线与侧缝拼缝对合

9 前开口处缝装门襟

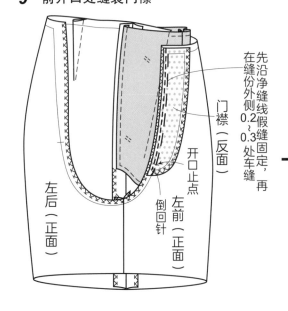

先沿净缝线假缝固定，再在缝份外侧0.2~0.3处车缝

门襟（反面）

开口止点

倒回针

左前（正面）

左后（正面）

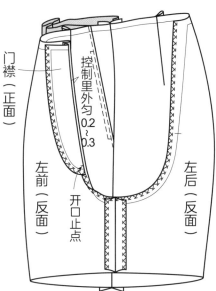

门襟（正面）

控制里外匀0.2~0.3

左前（反面）

左后（反面）

开口止点

10 缝合前后裆弧线

11 缝装拉链

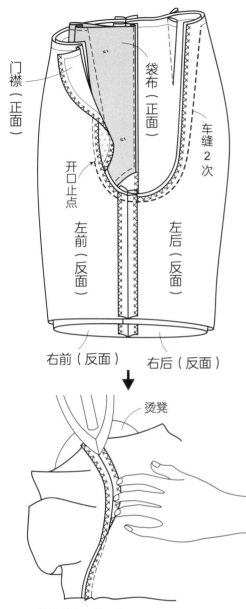

门襟（正面）

袋布（正面）

车缝2次

开口止点

左前（反面）

左后（反面）

右前（反面）

右后（反面）

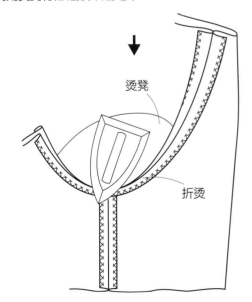

烫凳

利用烫凳将裆缝分开缝熨烫

烫凳

折烫

为了方便缝份分烫，将缝份向两侧自然折烫，使其形成自然弧线

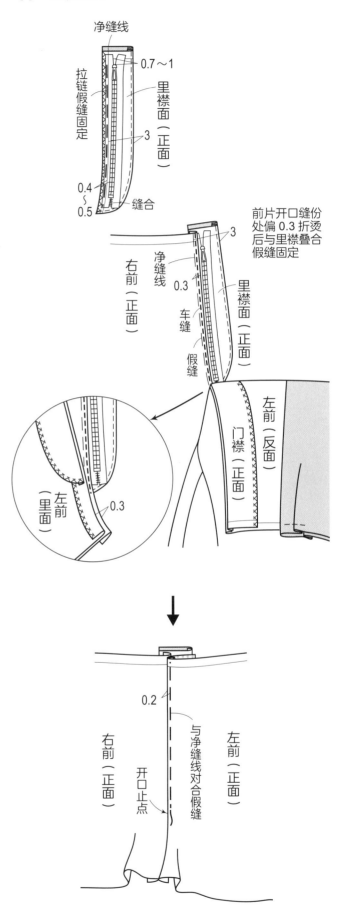

净缝线

0.7~1

拉链假缝固定

里襟面（正面）

3

0.4~0.5

缝合

前片开口缝份处偏0.3折烫后与里襟叠合假缝固定

3

右前（正面）

净缝线

0.3

车缝

假缝

里襟面（正面）

左前（里面）

0.3

左前（反面）

门襟（正面）

0.2

右前（正面）

开口止点

左前（正面）

与净缝线对合假缝

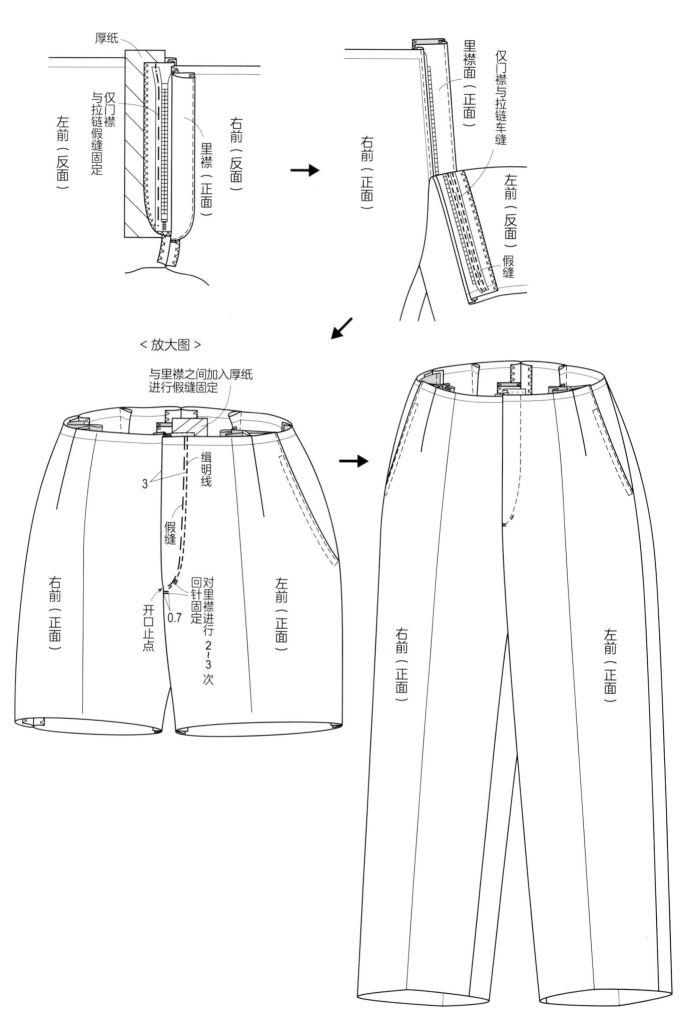

厚纸

仅门襟与拉链缝固定

左前（反面）

右前（反面）

里襟（正面）

里襟面（正面）

仅门襟与拉链车缝

右前（正面）

左前（反面）

假缝

< 放大图 >

与里襟之间加入厚纸进行假缝固定

缉明线

假缝

3

右前（正面）

左前（正面）

开口止点

0.7

对里襟进行2~3次回针固定

右前（正面）

左前（正面）

里襟面（正面）

仅门襟与拉链车缝

右前（正面）

左前（正面）

12 缝装腰带

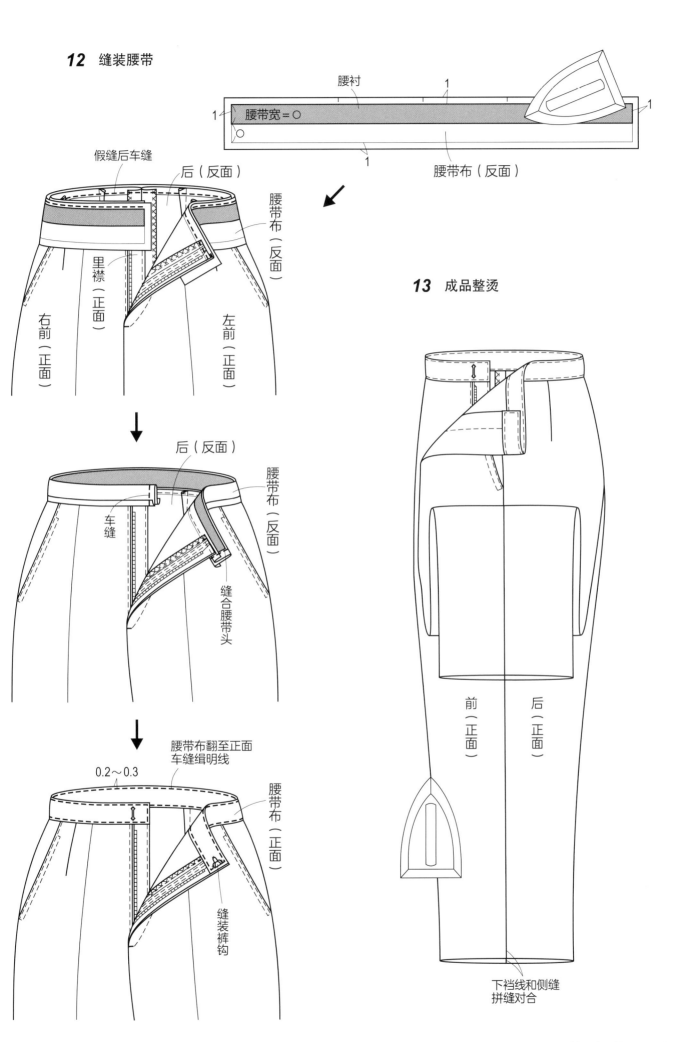

腰衬

1

腰带宽＝○

1

腰带布（反面）

1

1

假缝后车缝

后（反面）

腰带布（反面）

里襟（正面）

右前（正面）

左前（正面）

13 成品整烫

后（反面）

车缝

腰带布（反面）

缝合腰带头

腰带布翻至正面
车缝缉明线

0.2～0.3

腰带布（正面）

缝装裤钩

前（正面）

后（正面）

下裆线和侧缝
拼缝对合

前片半夹里裤

为了防止前片膝部穿着后变形，仅在前片缝装里布以增加牢度的缝制方法。

前片里布的裁剪方法

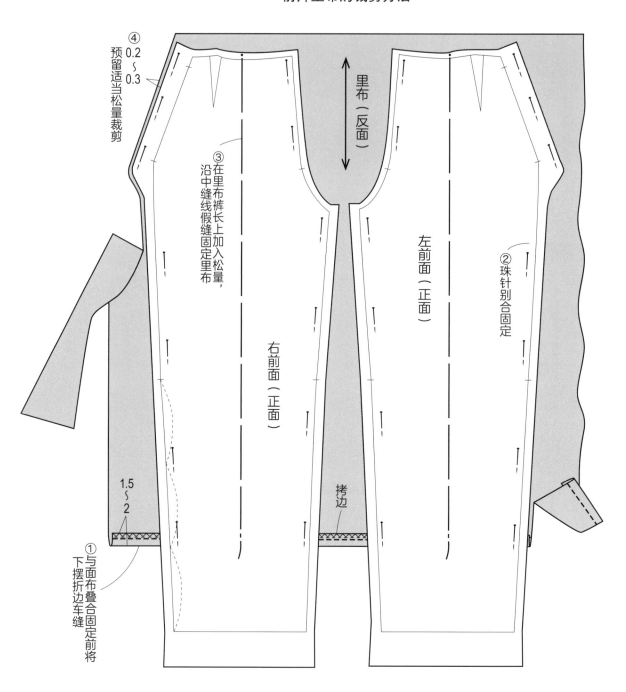

④
0.2～0.3
预留适当松量裁剪

③在里布裤长上加入松量，沿中缝线假缝固定里布

里布（反面）

左前面（正面）

②珠针别合固定

右前面（正面）

拷边

1.5～2

①与面布叠合固定前将下摆折边车缝

关于里布的布纹方向

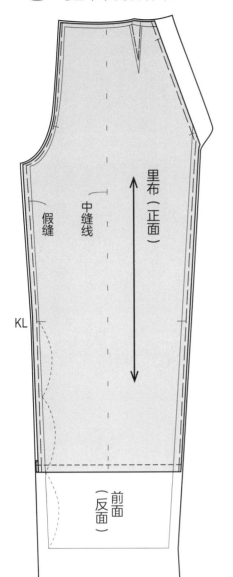

Ⓐ 与面布布纹方向相同

里布（正面）

假缝

中缝线

KL

前面（反面）

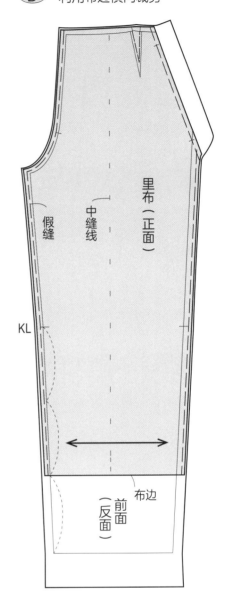

Ⓑ 利用布边横向裁剪

里布（正面）

假缝

中缝线

KL

布边

前面（反面）

里布裤脚口的处理

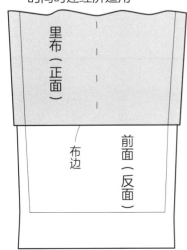

Ⓐ 薄面料时里布裤脚口可以利用布边裁剪，在不影响前裤脚口的同时还经济适用

里布（正面）

布边

前面（反面）

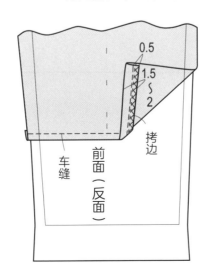

Ⓑ 普通面料时里布裤脚口拷边折缝（二折缝）

0.5

1.5～2

拷边

车缝

前面（反面）

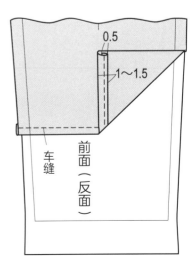

Ⓒ 厚面料时里布裤脚口三折缝，结实耐穿

0.5

1～1.5

车缝

前面（反面）

前片里布的缝制方法

1 裁剪里布

0.2～0.3

0.2～0.3

前面（正面）

0.2～0.3

0.2～0.3

2 裁剪掉袋口多余的里布

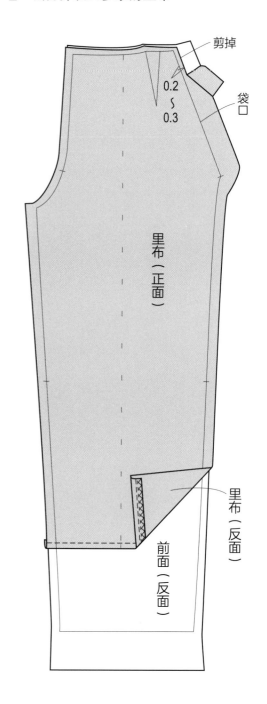

剪掉

0.2～0.3

袋口

里布（正面）

里布（反面）

前面（反面）

3 将里布覆盖在前片上手工假缝

4 将面布和里布的缝份一起拷边

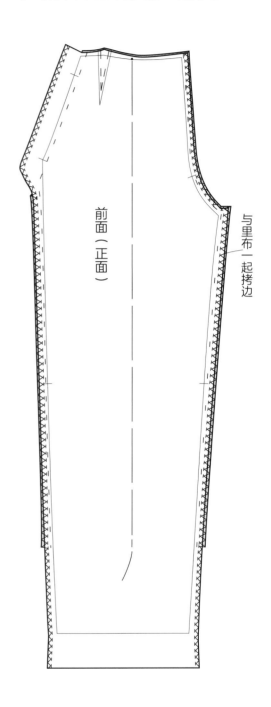

面布与里布边缘对齐假缝

假缝

里布（正面）

假缝

0.5

0.5

假缝（里布有少许松弛）

前面（反面）

与面布袋口位置对齐假缝

里布与面布边缘对齐假缝固定或者贴双面胶带固定

前面（正面）

与里布一起拷边

参照第 166 页无夹里裤的缝制工艺

全夹里裤

里布的裁剪与做对位记号

全夹里的主要目的是保证裤子不变形，另外也有防寒和防透视的作用。

里布和面布相比拉伸强度较差，如果不加入松量，很容易撕裂。特别是在前后裆弧线人体厚面处必须加入松量，所以在面布的纸样上需要加入切展量。

做对位记号时可以用刮刀划出印痕。

里布纸样

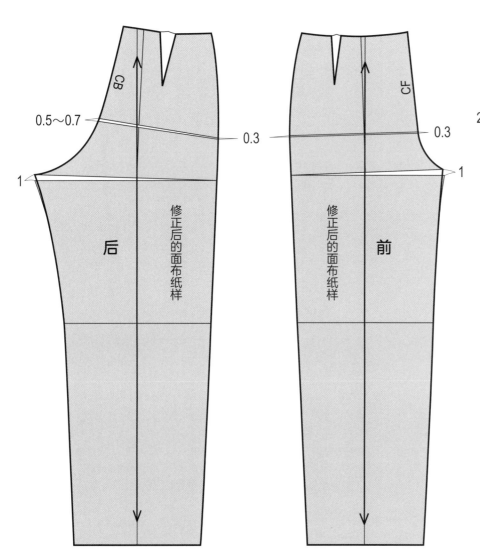

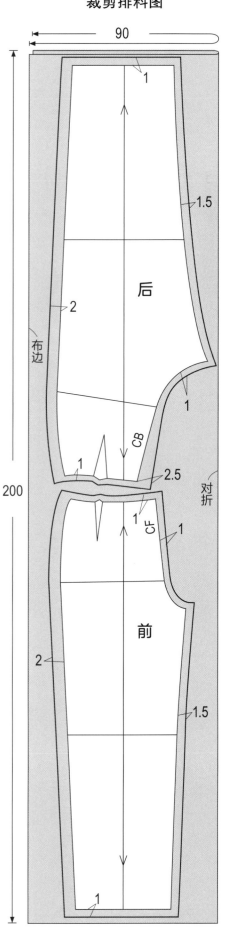

1 将缝份拷边

　根据面料特性，有些不拷边也可以。

2 在门襟和里襟处烫黏合衬

3 缝制里襟

4 缝装侧口袋

★ 1~4的缝制方法与半夹里裤的缝制方法相同（只是袋布底不缝）

5 缝制前后腰省

（参照第166页无夹里裤的缝制方法）

6 缝制侧缝、袋布

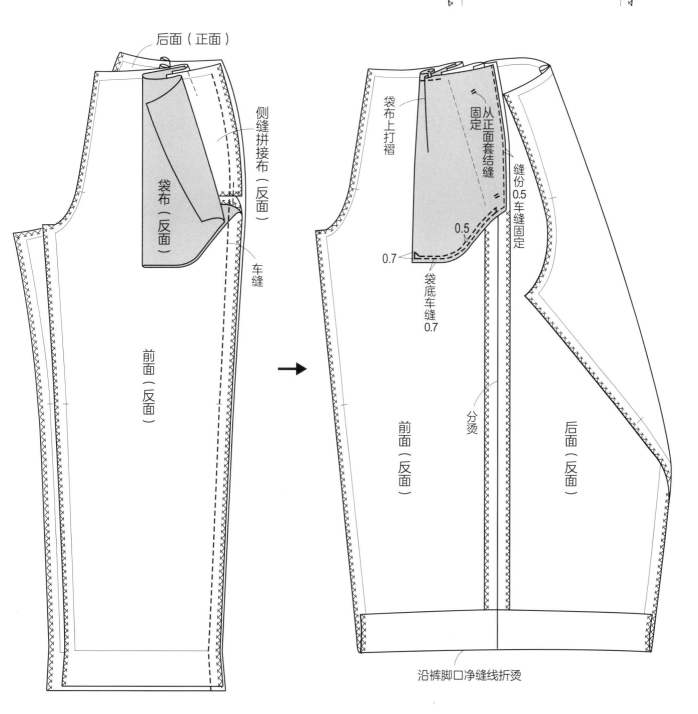

7 缝合下裆线，裤脚口

8 缝合前后裆弧线，缝制前门襟
（7・8参照第171页无夹里裤的缝制方法）

9 缝制里布

缝制省道和侧缝

省道倒向侧缝（为了不与面布省道重叠加厚面料，里布省道倒向方向应与面布相反）

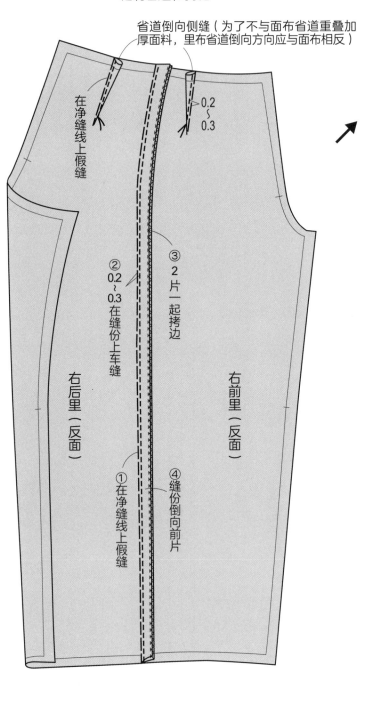

在净缝线上假缝

②0.2~0.3在缝份上车缝

③2片一起拷边

右后里（反面）

右前里（反面）

①在净缝线上假缝

④缝份倒向前片

缝合下裆线与前后裆弧线，折缝裤脚口

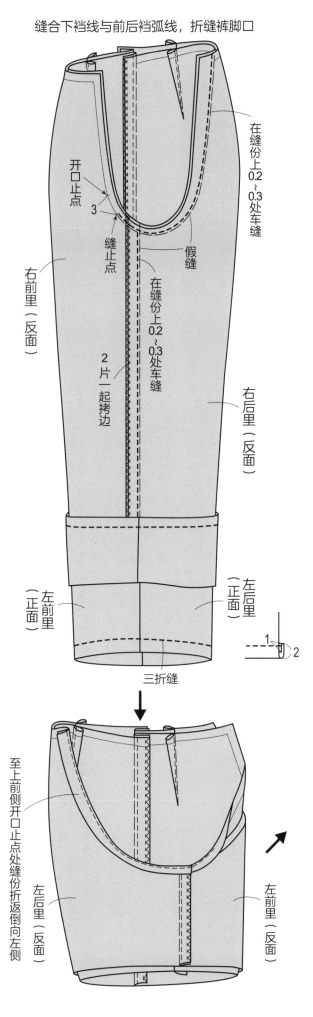

开口止点

缝止点

3

假缝

在缝份上0.2~0.3处车缝

右前里（反面）

2片一起拷边

在缝份上0.2~0.3处车缝

右后里（反面）

左前里（正面）

左后里（正面）

三折缝

1

2

至上前侧开口止点处缝份折返倒向左侧

左后里（反面）

左前里（反面）

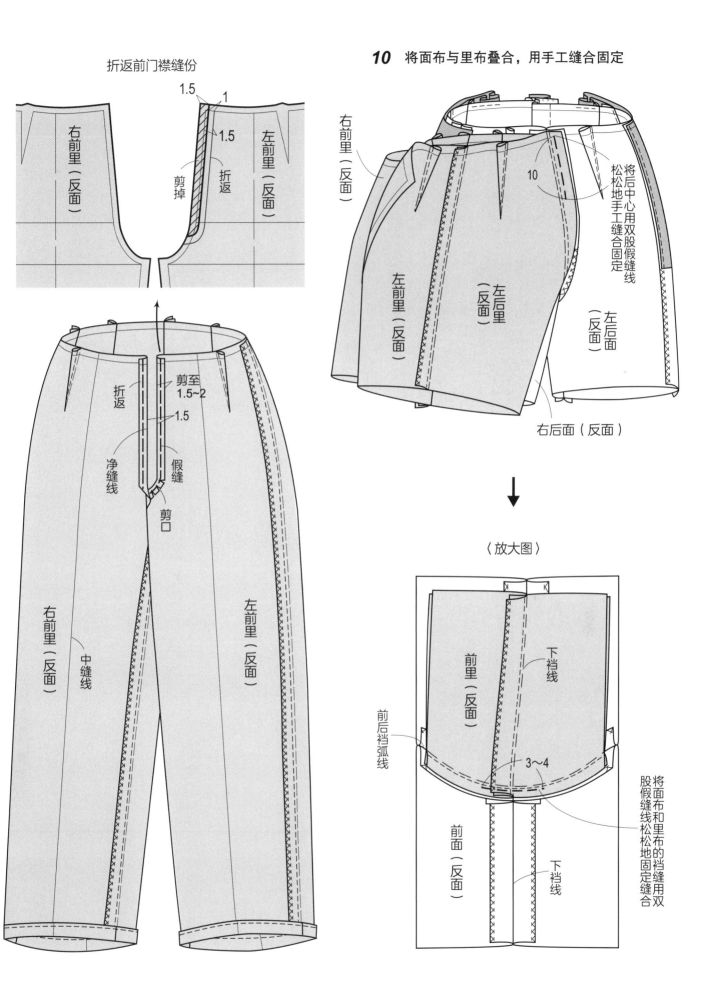

折返前门襟缝份

1.5　　1

1.5

剪掉

折返

右前里（反面）

左前里（反面）

10 将面布与里布叠合，用手工缝合固定

右前里（反面）

左前里（反面）

左后里（反面）

左后面（反面）

将后中心用双股假缝线松松地手工缝合固定

10

右后面（反面）

剪至1.5~2

1.5

折返

假缝

净缝线

剪口

右前里（反面）

中缝线

左前里（反面）

〈放大图〉

右前里（反面）

前里（反面）

下裆线

前后裆弧线

3~4

前面（反面）

下裆线

将面布和里布的裆缝用双股假缝线松松地固定缝合

12 缝装腰带

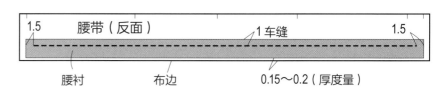

1.5　腰带（反面）　1 车缝　1.5

腰衬　布边　0.15～0.2（厚度量）

11 腰围线假缝固定，并缝制整理门襟、里襟

里布拉链开口缝份处假缝或用珠针固定

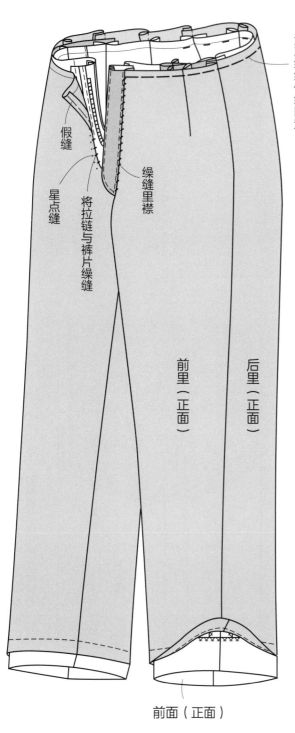

沿净缝线假缝固定

将面布和里布的省道、侧缝对合，

假缝

星点缝

将拉链与裤片缲缝

缲缝里襟

前里（正面）

后里（正面）

前面（正面）

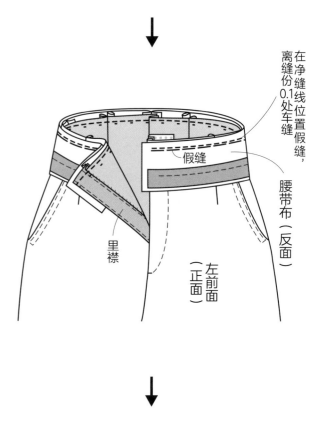

在净缝线位置假缝，离缝份 0.1 处车缝

假缝

里襟

左前面（正面）

腰带布（反面）

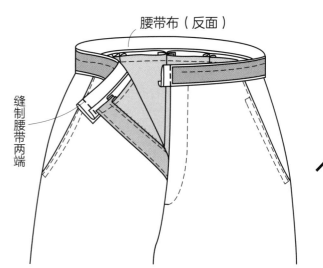

腰带布（反面）

缝制腰带两端

〈放大图〉

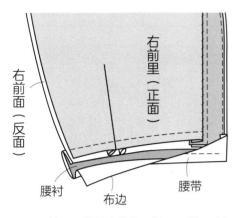

右前面（反面）　右前里（正面）

腰衬　布边　腰带

将腰围缝份夹缝在腰衬和腰带里之间

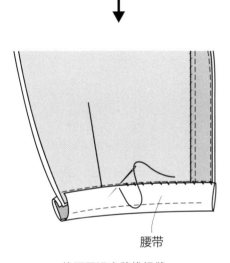

腰带

将腰里沿净缝线缲缝

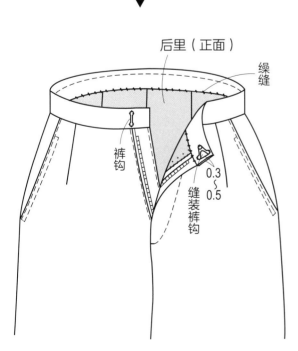

后里（正面）

缲缝

裤钩

缝装裤钩

0.3~0.5

13 在裤脚口处用线襻固定面布与里布

腰带　右后面（正面）

里襟里（正面）

左前里（正面）　右前里（正面）

线襻

线襻

2.9 部件缝制工艺

高腰侧缝口袋的制作方法

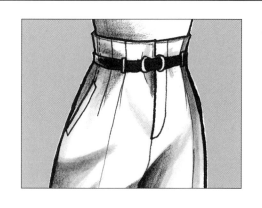

因为裤腰与裤片连裁，所以侧缝拼接布的裁剪要超过腰围线。这里介绍的是有夹里裤口袋的缝制工艺。在缝制无夹里裤的口袋时，袋底需要来去缝缝合。

1 侧拼布与袋布的裁剪

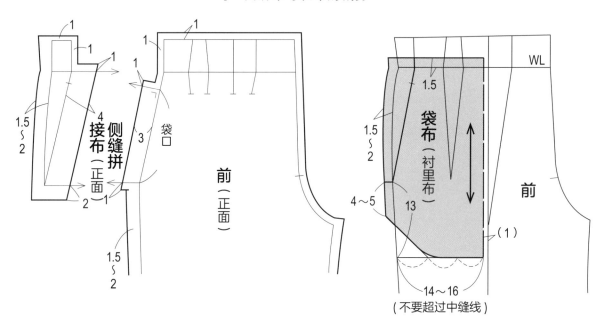

2 把侧缝拼接布固定在袋布上

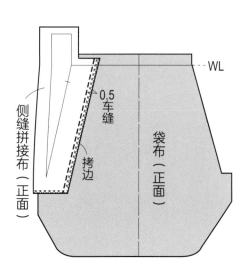

3 将袋布与袋口叠合，并加贴防拉伸牵带

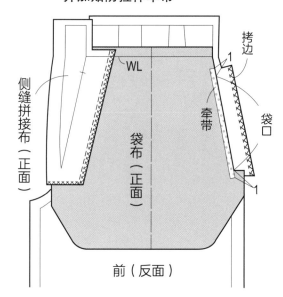

4 用熨斗折烫袋口，并车缝缉明线

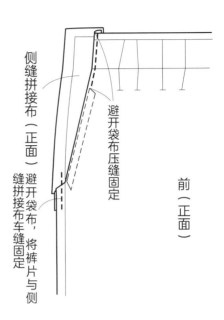

剪口

侧缝拼接布（正面）

WL

0.2

0.7

袋布（正面）

仅与袋布车缝固定

将裤片与袋布一起打剪口，剪开至净缝线0.2

前（反面）

5 与侧缝拼接布叠合，并压缝固定

侧缝拼接布（正面）

避开袋布压缝固定

避开袋布，将裤片与侧缝拼接布车缝固定

前（正面）

6 缝合侧缝

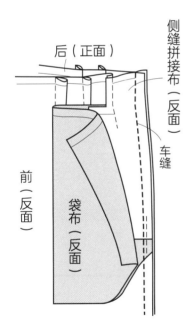

后（正面）

侧缝拼接布（反面）

车缝

前（反面）

袋布（反面）

7 车缝袋底

为了保持袋布与腰部的合体，在袋布上打褶

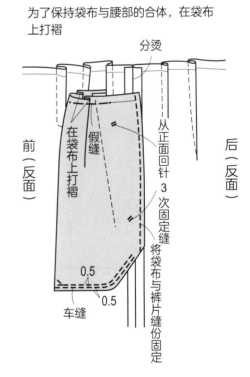

分烫

在袋布上打褶

假缝

从正面回针3次固定缝

前（反面）

后（反面）

将袋布与裤片缝份固定

0.5

0.5

车缝

弧形口袋的制作方法

因为横插袋的袋口呈现曲线造型，需要裁剪袋口贴边，侧缝拼接布与袋布连裁。这里介绍的是无夹里裤口袋的缝制方法。

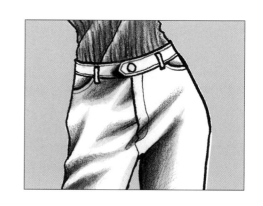

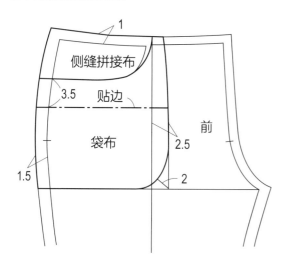

1 制作侧缝拼接布、袋布、贴边的纸样，并进行裁剪

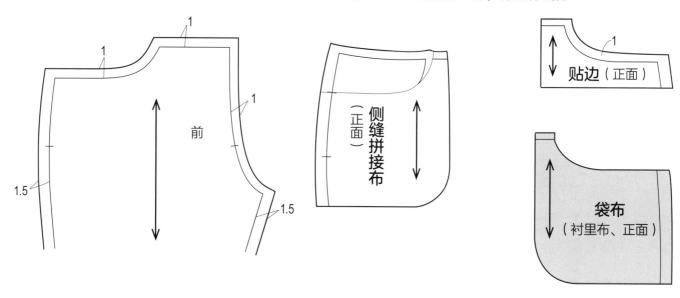

2 在袋布上缝装贴边

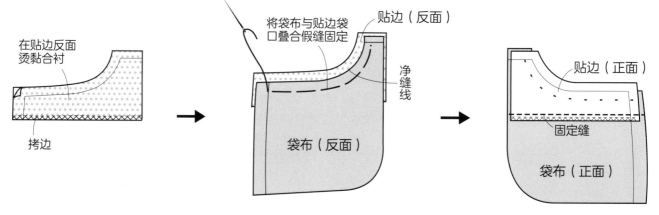

3 缝合并折返袋口

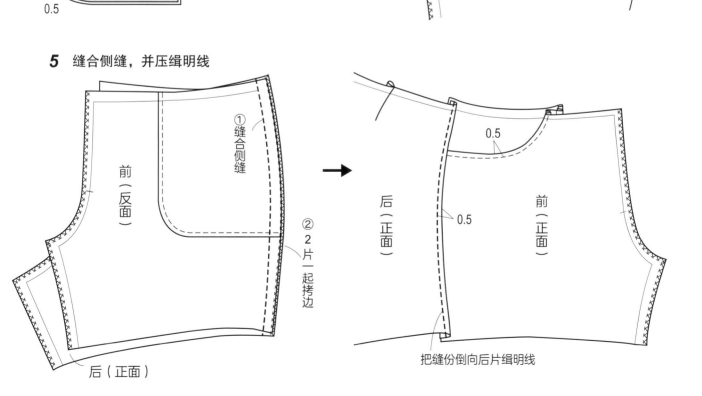

在缝份上距离净缝线0.2处车缝

剪口

袋布（反面）

前（正面）

翻折到正面用熨斗整烫并压缉明线

0.5

里外匀0.2

袋布（正面）

前（反面）

4 将侧缝拼接布和袋布叠合，并缝合袋底

中心

前（正面）

侧缝

袋布（正面）

假缝

0.5

将袋布底进行第一次车缝

侧缝拼接布（反面）

0.7

前（反面）

将袋布翻折后再车缝

5 缝合侧缝，并压缉明线

① 缝合侧缝

前（反面）

② 2片一起拷边

后（正面）

0.5

后（正面）

0.5

前（正面）

把缝份倒向后片缉明线

侧缝袋的制作方法

在侧缝的缝份上缝装袋布而形成的口袋，与斜插袋相比更隐蔽。适合较厚质地的面料。这里介绍的无夹里裤口袋是用缝份拷边的方法代替用来去缝缝合袋底。

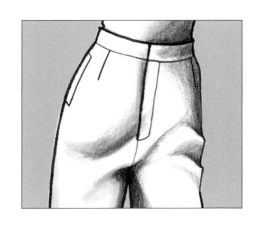

1 制作袋布和袋垫布的纸样，并裁剪

袋布 A·B（衬里布各 1 片）　　　袋垫布（面布 1 片）

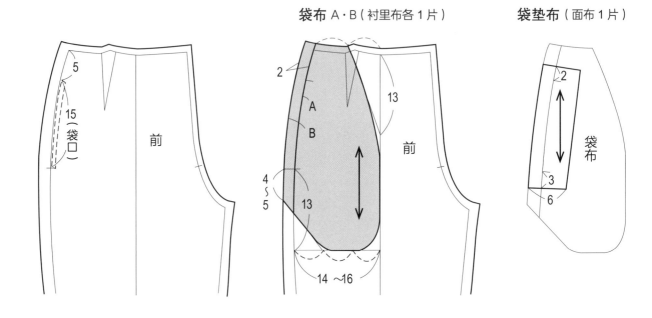

2 在袋口贴防拉伸牵带

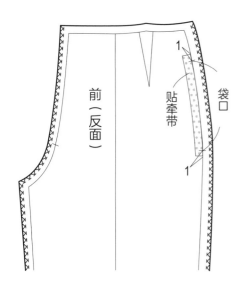

3 将袋垫布固定在袋布B上

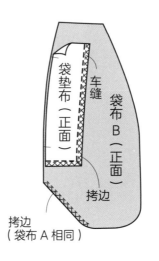

4 将袋布A车缝固定在侧缝缝份上

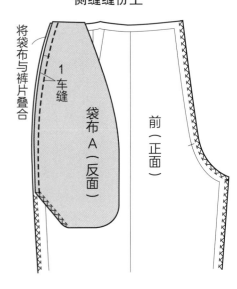

5 将袋布A折转至缝份一侧，用熨斗熨烫

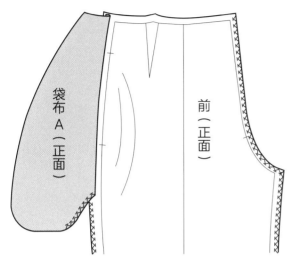

6 缝合侧缝

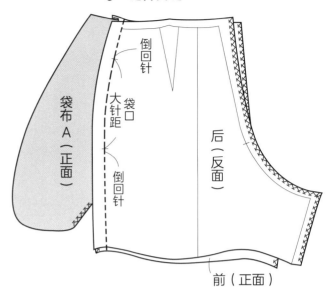

7 在袋口缉明线

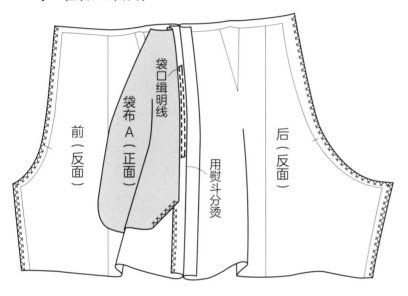

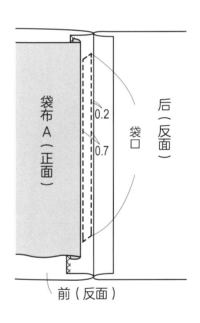

8 将袋布B叠合后假缝固定

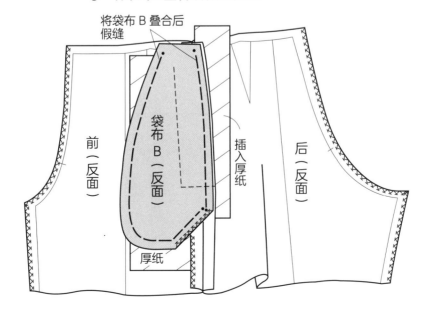

9 将袋布B固定在侧缝缝份上

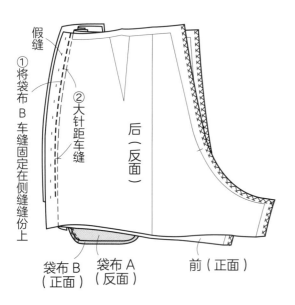

①将袋布B车缝固定在侧缝缝份上

假缝

②大针距车缝

后（反面）

前（正面）

袋布B（正面）　袋布A（反面）

10 在袋布周围车缝

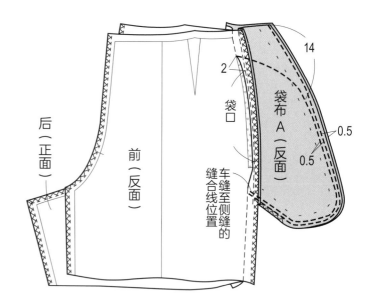

14

2

袋口

后（正面）

前（反面）

车缝至侧缝的缝合线位置

袋布A（反面）

0.5

0.5

11 将袋布周围和后侧缝拷边

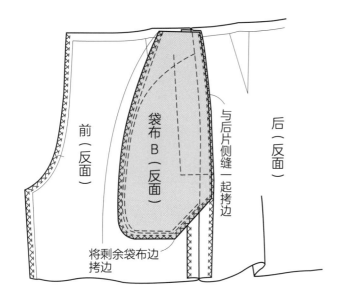

前（反面）

袋布B（反面）

与后片侧缝一起拷边

后（反面）

将剩余袋布边拷边

12 在袋口两端套结固定缝

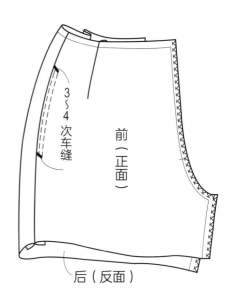

3~4次车缝

前（正面）

后（反面）

190

单嵌线袋（腰口袋）的制作方法

在女装设计中，裤后袋实用性不强，大多起到装饰作用，主要强调裤后片的设计与造型。这里介绍两种裤后袋的缝制方法，可根据不同面料选择适合的方法。

嵌线缝份分烫的制作方法（适合厚面料）

1　部件裁剪

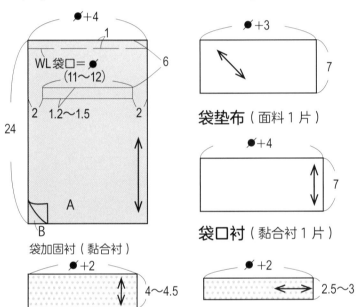

袋布 A·B（衬里布各 1 片）　　袋嵌线布（面布 1 片）

袋垫布（面料 1 片）

袋口衬（黏合衬 1 片）

袋加固衬（黏合衬）

2　烫袋口黏合衬，缝装袋垫布，袋加固衬与后裤片熨烫贴合

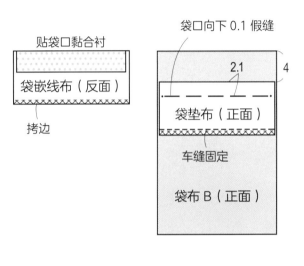

贴袋口黏合衬

袋嵌线布（反面）

拷边

袋口向下 0.1 假缝

袋垫布（正面）

车缝固定

袋布 B（正面）

3　将袋布A与后裤片反面相对假缝固定，缝份分烫

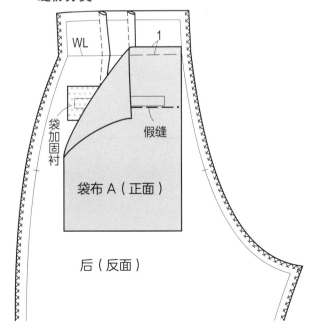

WL

袋加固衬

假缝

袋布 A（正面）

后（反面）

4　将袋嵌线布与后裤片叠合，假缝固定后车缝

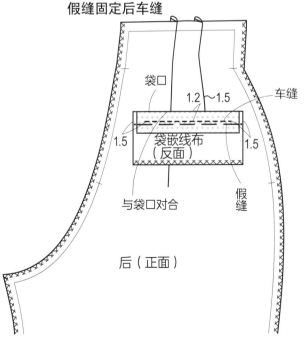

袋口

车缝

袋嵌线布（反面）

与袋口对合

假缝

后（正面）

5 将袋布B与袋口对合，假缝固定后车缝

7 将袋布A与袋嵌线布翻至反面，缝份分烫

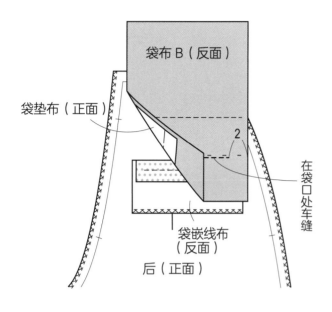

袋垫布（正面）

袋布 B（反面）

2

在袋口处车缝

袋嵌线布
（反面）

后（正面）

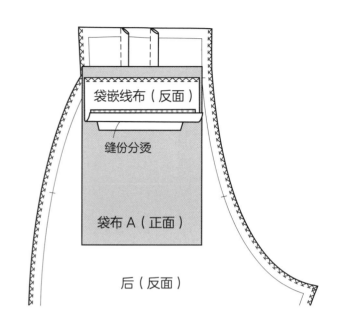

袋嵌线布（反面）

缝份分烫

袋布 A（正面）

后（反面）

6 避开袋嵌线布与袋布的缝份，
沿袋口中央剪开并打剪口

8 整理好袋口嵌线并假缝固定

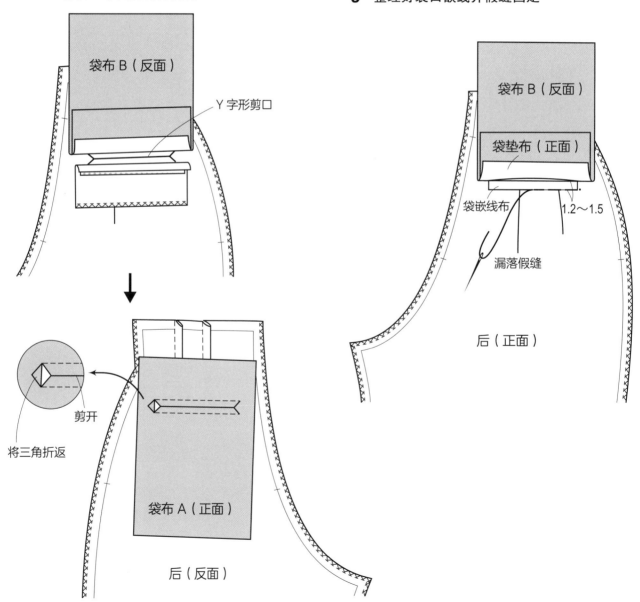

袋布 B（反面）

Y 字形剪口

剪开

将三角折返

袋布 A（正面）

后（反面）

袋布 B（反面）

袋垫布（正面）

1.2～1.5

袋嵌线布

漏落假缝

后（正面）

9 在袋嵌线布漏落假缝的旁边从反面进行车缝

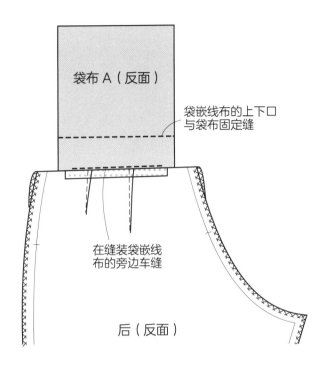

袋布 A（反面）

袋嵌线布的上下口
与袋布固定缝

在缝装袋嵌线
布的旁边车缝

后（反面）

10 将袋布B翻到里面用熨斗熨烫整理

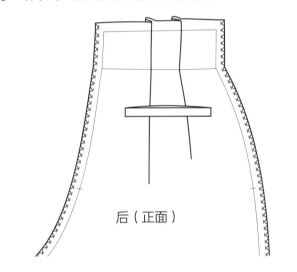

后（正面）

11 缝合袋布四周

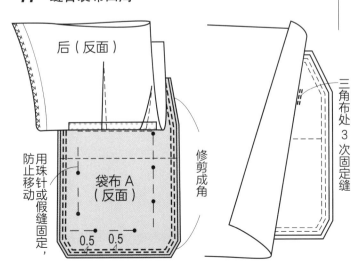

后（反面）

防止珠移针动或假缝固定，

用

袋布 A
（反面）

0.5　0.5

修剪成角

三角布处 3 次固定缝

袋嵌线布与袋垫布合为 1 片的制作方法（适合薄面料）

1 部件裁剪

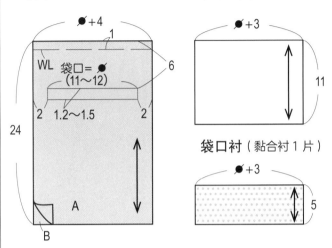

袋布 A・B（衬里布各 1 片）

+4
1
WL　袋口=●
（11~12）
2　1.2~1.5　2
24
6
A
B

袋嵌线布（面布 1 片）

+3
11

袋口衬（黏合衬 1 片）

+3
5

2 袋嵌线布烫袋口黏合衬并拷边

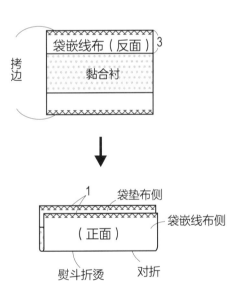

拷边

袋嵌线布（反面）　3

黏合衬

1　袋垫布侧

（正面）　袋嵌线布侧

熨斗折烫　对折

3 将袋布A在裤片反面假缝固定

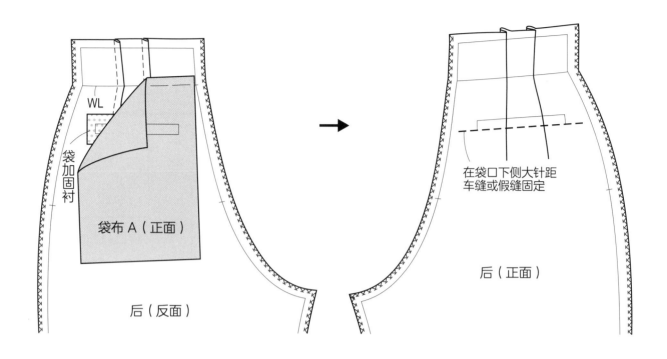

WL

袋加固衬

袋布 A（正面）

后（反面）

在袋口下侧大针距车缝或假缝固定

后（正面）

4 在裤片正面放好袋嵌线布并车缝

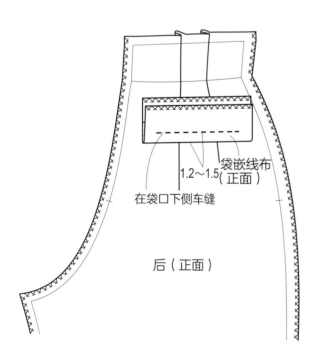

1.2～1.5

袋嵌线布（正面）

在袋口下侧车缝

后（正面）

5 将袋嵌线布折返并用珠针固定

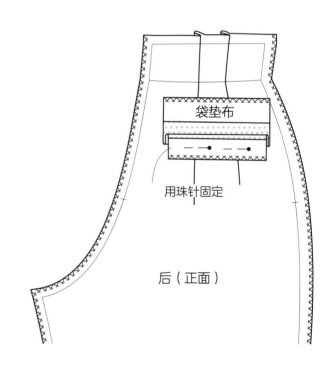

袋垫布

用珠针固定

后（正面）

6 车缝袋口布，从两线中间剪开并打剪口

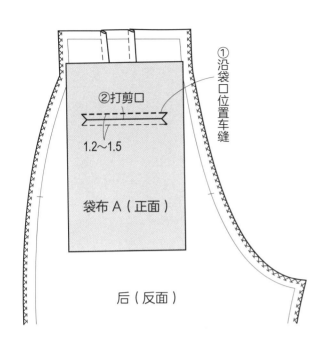

①沿袋口位置车缝

②打剪口

1.2~1.5

袋布 A（正面）

后（反面）

〈放大图〉

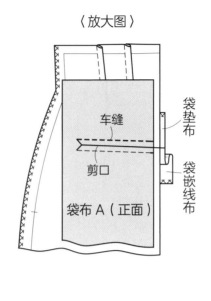

车缝

剪口

袋垫布

袋嵌线布

袋布 A（正面）

7 将袋嵌线布翻到反面进行整理

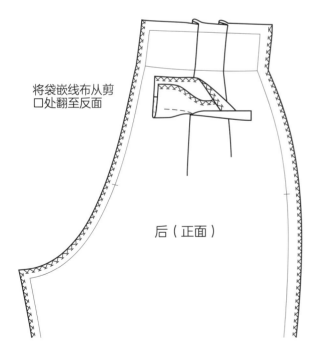

将袋嵌线布从剪口处翻至反面

后（正面）

8 将袋嵌线布下端与袋布A缝合

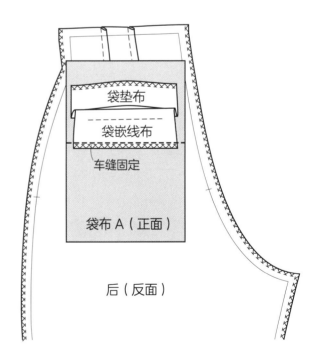

袋垫布

袋嵌线布

车缝固定

袋布 A（正面）

后（反面）

9 在袋布B上用双面黏衬牵带或胶水临时固定

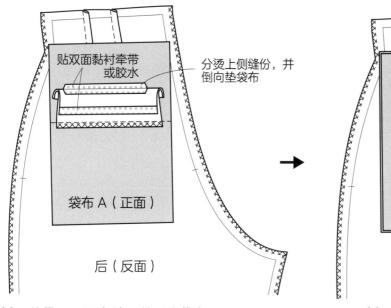

贴双面黏衬牵带
或胶水

分烫上侧缝份，并
倒向垫袋布

袋布 A（正面）

后（反面）

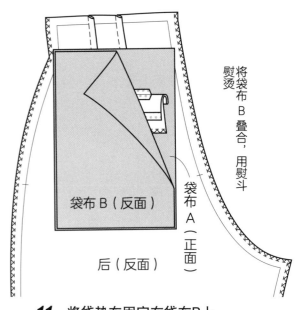

将袋布 B 叠合，用熨斗熨烫

袋布 B（反面）

袋布 A（正面）

后（反面）

10 从袋口正面车缝，并固定袋布B

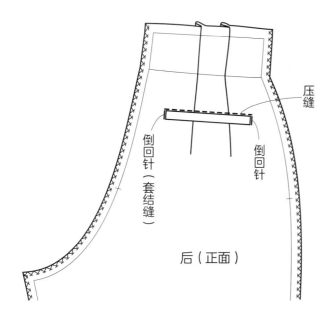

压缝

倒回针（套结缝）

倒回针

后（正面）

11 将袋垫布固定在袋布B上

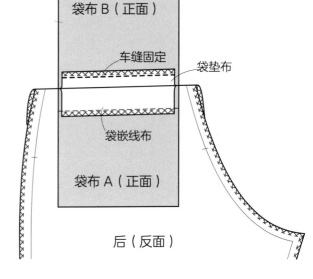

袋布 B（正面）

车缝固定

袋垫布

袋嵌线布

袋布 A（正面）

后（反面）

12 将袋布周围车缝缝合

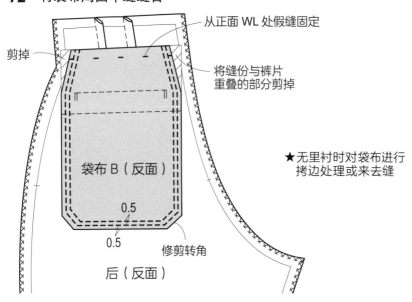

从正面 WL 处假缝固定

剪掉

将缝份与裤片
重叠的部分剪掉

袋布 B（反面）

★无里衬时对袋布进行
拷边处理或来去缝

0.5

0.5

修剪转角

后（反面）

高腰款式前门襟拉链缝装方法

高腰款式的前门襟拉链缝制在腰围线处，在腰围线上方钉纽扣。

图例中拉链的开口在左前方。但是与西装一起穿着时，开口方向应与西装一致。

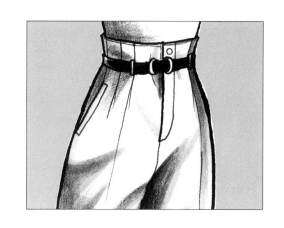

1 裁剪门襟、里襟

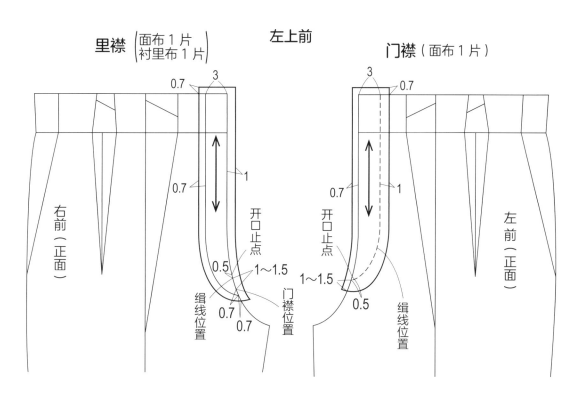

里襟（面布1片 衬里布1片） 左上前 门襟（面布1片）

右前（正面）

左前（正面）

开口止点

门襟位置

缉线位置

缉线位置

2 在门襟、里襟面烫黏合衬

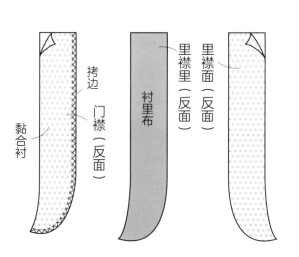

拷边 门襟（反面）

黏合衬

衬布

里襟里

里襟面（反面）

里襟里（反面）

3 缝制里襟

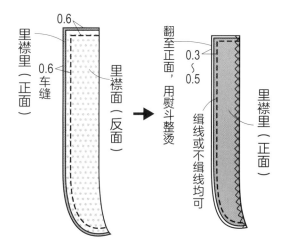

里襟里（正面）

里襟面（反面）

0.6 车缝

翻至正面，用熨斗整烫

缉线或不缉线均可

里襟里（正面）

4 在右前片装门襟，在里襟上装拉链

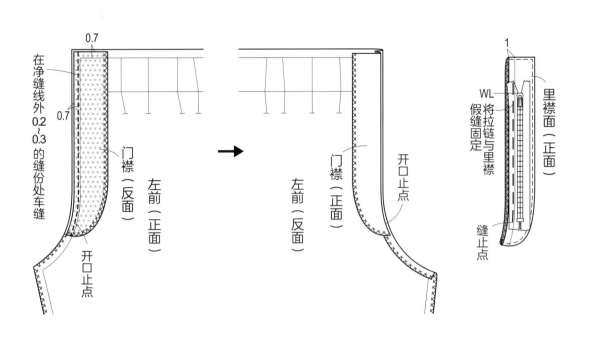

在净缝线外0.2~0.3的缝份处车缝

0.7

0.7

门襟（反面）

左前（正面）

开口止点

门襟（正面）

左前（反面）

开口止点

1

将拉链与里襟假缝固定

WL

里襟面（正面）

缝止点

5 缝合前后裆缝弧线

右前（正面）

左前（反面）

开口止点

倒回针

车缝2次加固

门襟（反面）

左后（反面）

6 在右前片缝制拉链

在右前中心向外0.3处折返，里襟上口与高腰腰线叠合，先假缝固定后车缝

0.3

右前（正面）

净缝线

里襟面（正面）

左前（正面）

左前（反面）

左前（反面）

0.3

7 在左前片门襟上缝制拉链

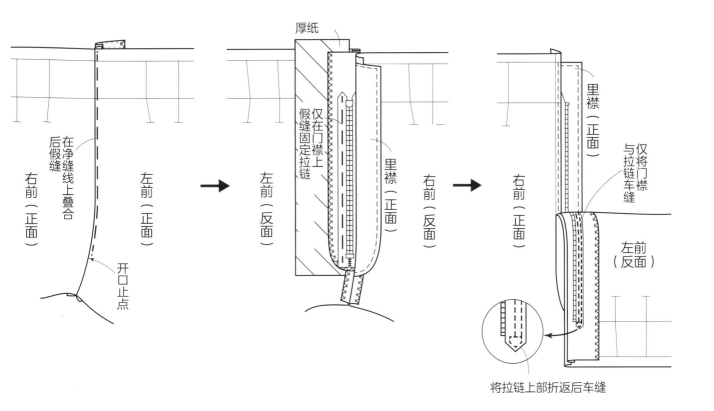

右前（正面）

在净缝线上叠合

后假缝

左前（正面）

开口止点

厚纸

左前（反面）

仅在门襟上假缝固定拉链

里襟（正面）

右前（反面）

里襟（正面）

仅将门襟与拉链车缝

右前（正面）

左前（反面）

将拉链上部折返后车缝

8 制作高腰的贴边纸样

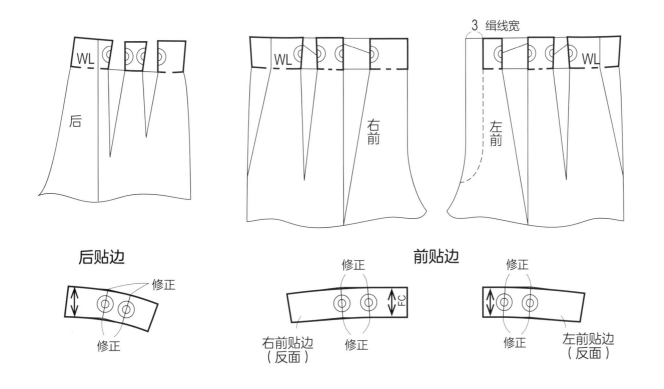

WL

后

WL

右前

3 缉线宽

WL

左前

后贴边

修正

修正

前贴边

修正

FC

右前贴边（反面）

修正

修正

左前贴边（反面）

修正

9 裁剪贴边并烫黏合衬

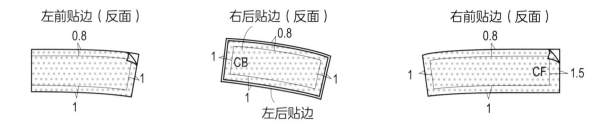

左前贴边（反面）　　右后贴边（反面）　　右前贴边（反面）

10 将腰里贴边的后中心缝、侧缝缝合后用熨斗分烫缝份

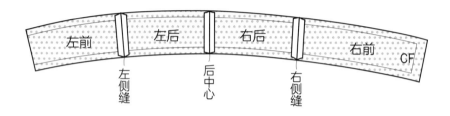

11 缝装腰里贴边

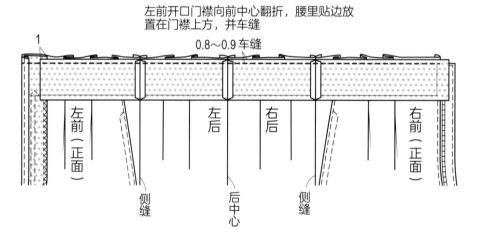

左前开口门襟向前中心翻折，腰里贴边放置在门襟上方，并车缝

0.8～0.9 车缝

12 把腰里贴边翻至正面用熨斗整烫，
　　 将要缉明线的位置先假缝固定

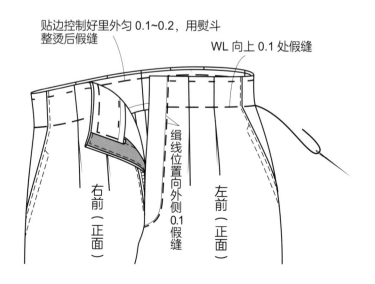

贴边控制好里外匀 0.1~0.2，用熨斗
整烫后假缝

WL 向上 0.1 处假缝

13 车缝缉明线

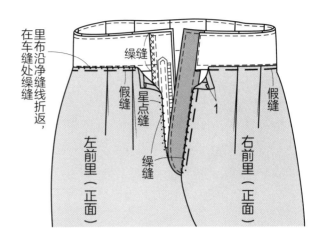

右前（正面）

开口止点

车缝门襟缉明线不与里襟缝合

左前（正面）

14 将面布与里布叠合，腰围处和门襟开口处用手工缲缝固定

里布沿净缝线折返，在车缝处缲缝

缲缝

假缝

星点缝

缲缝

1

左前里（正面）

右前里（正面）

假缝

★参照第 181 页正面对合，里布开口缝份的折返方法

15 套结缝缝制腰带襻，左前片开纽眼，右前片里襟处钉纽扣

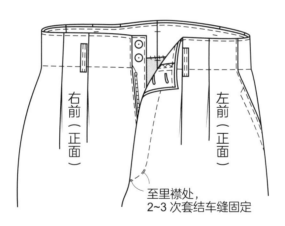

右前（正面）

左前（正面）

至里襟处，2~3 次套结车缝固定

★参照第 203 页腰带襻的缝装方法

弧形腰带的缝制方法

低腰腰带能突显优美的臀围线，且不易变形、结实耐用。

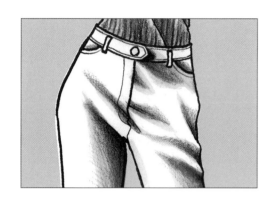

1 烫腰带面、里的黏合衬

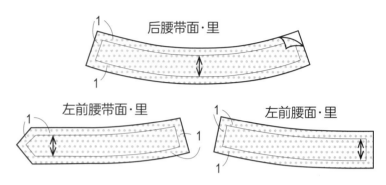

后腰带面·里

左前腰带面·里

左前腰面·里

2 拼缝腰带

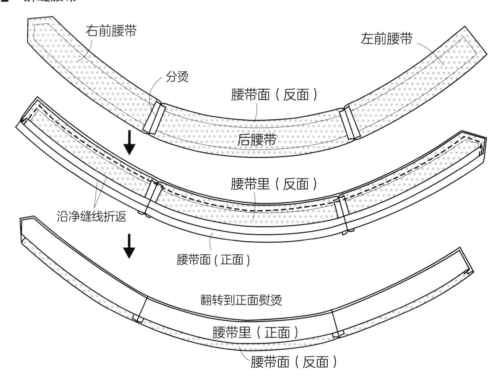

右前腰带

左前腰带

分烫

腰带面（反面）

后腰带

腰带里（反面）

沿净缝线折返

腰带面（正面）

翻转到正面熨烫

腰带里（正面）

腰带面（反面）

3 缝装腰带

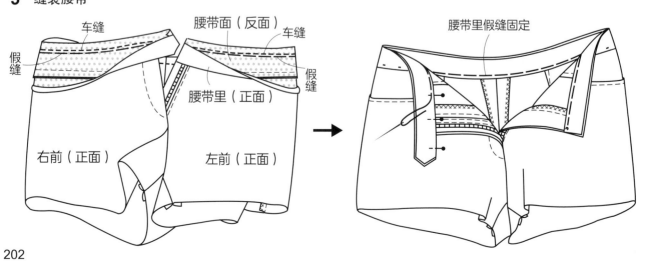

车缝

腰带面（反面）

车缝

假缝

假缝

腰带里（正面）

右前（正面）

左前（正面）

腰带里假缝固定

4 在腰带上车缝缉明线，缝装腰带襻。
锁纽眼、钉纽扣、缝装裤钩

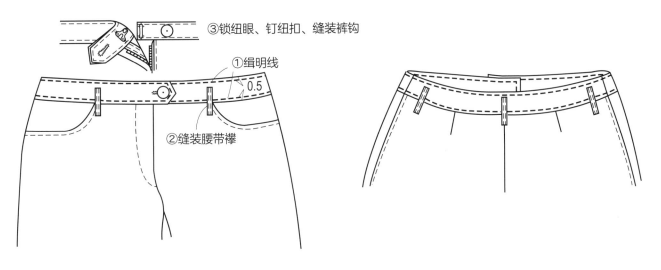

③锁纽眼、钉纽扣、缝装裤钩
①缉明线
0.5
②缝装腰带襻

腰带襻
〈放大图〉

制作方法

Ⓐ 利用布边

（腰带襻长 + 缝份）x5 个
布边
三折缝
全部车缝后再按需要长度剪开

Ⓑ 对折缝制

对折车缝
面布（反面）
缝份分烫

翻至正面，两侧从正面压缉明线

缝装方法

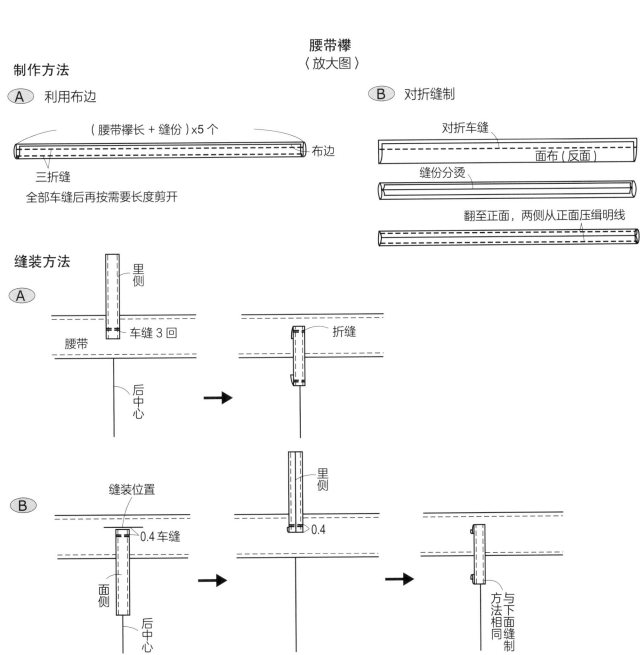

Ⓐ

里侧
车缝 3 回
腰带
后中心

折缝

Ⓑ

缝装位置
0.4 车缝
面侧
后中心

里侧
0.4

方法与下面相同缝制

翻边裤脚口的制作方法

翻边筒裤的裤脚口折边向上翻折，必须加入翻折量。

裤脚口翻转量的计算方法

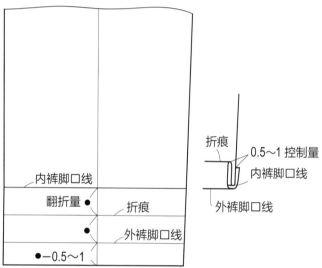

内裤脚口线

翻折量 ● ── 折痕

● ── 外裤脚口线

●─0.5～1

折痕

0.5～1 控制量

内裤脚口线

外裤脚口线

厚面料

　　若裤子采用厚面料，裤脚口折转到上部，外围的余量、内侧的折转量，需根据面料的厚度在样板制作时适当增加放量。

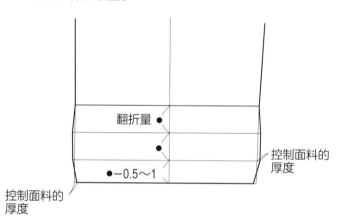

翻折量 ●

● ─0.5～1

控制面料的厚度

控制面料的厚度

1 缝合侧缝、熨烫裤脚口折痕

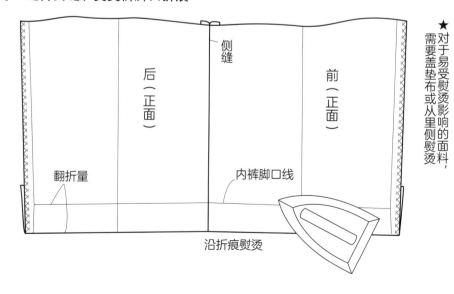

后（正面）

侧缝

前（正面）

翻折量

内裤脚口线

沿折痕熨烫

★ 对于易受熨烫影响的面料，需要盖垫布或从里侧熨烫。

2 先确认翻折宽度，再沿裤脚口线熨烫折转线

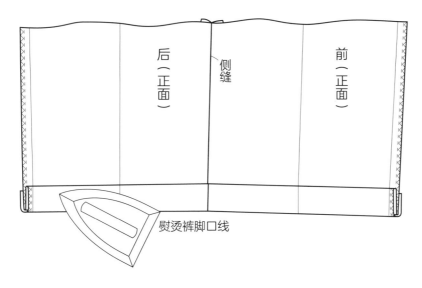

后（正面）

侧缝

前（正面）

熨烫裤脚口线

3 缝制下裆线，裤脚口拷边后缲缝

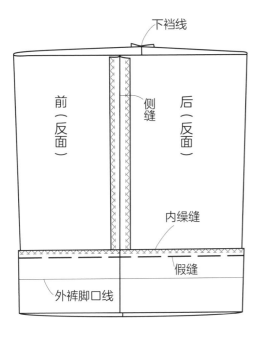

下裆线

前（反面）

侧缝

后（反面）

内缲缝

假缝

外裤脚口线

4 在折返处内侧固定

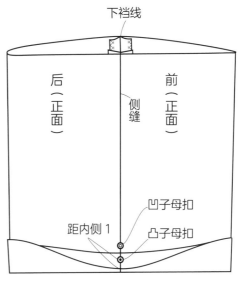

下裆线

后（正面）

侧缝

前（正面）

凹子母扣

距内侧 1

凸子母扣

在侧缝和下裆线的拼缝处
缝装子母暗扣或线襻

附录

● 制图记号（文化式）

为了便于理解制图中的表达含义而作的规定。

表示事项及表示记号

表示事项	制图符号	简要说明	表示事项	制图符号	简要说明
基础线		为作目标线而作的基础线，用细实线或虚线表示	区别线的交叉记号		表示左右线的交叉，用细实线表示
等分线		在一段有限长度的线段上分成等长的几段线，用细虚线或实线表示	布纹线丝缕线		箭头方向表示布的经纱方向，用粗实线表示
完成线（净缝线）		表示纸样净样轮廓的线，用粗实线或虚线表示	斜裁记号		箭头方向表示布的经纱方向，用粗实线表示
挂面线		表示挂面缝装位置及表示挂面大小的线，用粗点划线表示	毛的方向	顺毛 逆毛	有倒顺毛、有光泽的面料，要表示出毛的方向，用粗实线表示
对折裁剪线		表示对折裁剪位置的线，用粗虚线表示	拉伸记号		表示需拉伸的位置
翻折线折痕线		表示折痕位置及翻折位置的线，用粗虚线表示	缝缩记号		表示需缝缩的位置
缉明线		表示缉明线位置和形状的线，用细虚线表示，仅在缉明线的起点和止点表示也行	归拢记号		表示需归拢的位置
胸高点（BP）	×	表示胸高点的记号，用细实线表示	闭合后切展记号	切展 折叠	表示将纸样某处闭合，而另一处则打开
直角记号		表示此处为直角，用细实线表示	将分开的纸样拼合在一起裁剪的记号		表示裁布时，纸样要连在一起

表示事项	制图符号	简要说明	表示事项	制图符号	简要说明
对位标记		两块布缝合时，防止错位而作的记号	塔克		在下摆下方作一根斜线，表示从高到低折叠
单向裥		在下摆下方作两根斜线，表示从高到低折叠	纽扣记号		表示纽扣的位置
暗裥		同上	扣眼记号		表示扣眼的位置

缩写符号说明

B	胸围（Bust）的缩写	MHL	中臀围线（Middle Hip Line）的缩写	BNP	后颈点（Back Neck Point）的缩写
UB	下胸围（Under Bust）的缩写	HL	臀围线（Hip Line）的缩写	SP	肩点（Shoulder Point）的缩写
W	腰围（Waist）的缩写	EL	袖肘线（Elbow Line）的缩写	AH	袖窿线（Arm Hole）的缩写
MH	中臀围（Middle Hip）的缩写	KL	膝围线（Knee Line）的缩写	HS	头围（Head Size）的缩写
H	臀围（Hip）的缩写	BP	胸高点（Bust Point）的缩写	CF	前中心线（Center Front）的缩写
BL	胸围线（Bust Line）的缩写	SNP	侧颈点（Side Neck Point）的缩写	CB	后中心线（Center Back）的缩写
WL	腰围线（Waist Line）的缩写	FNP	前颈点（Front Neck Point）的缩写		

参考尺寸

• 日本工业规格尺寸（JIS）

成年女子用衣料的尺寸（JIS L 4005—2023)

日本成年女子的身高分为 142cm、150cm、158cm 以及 166cm，胸围分为 74~92cm 以 3cm 为间隔，92~104cm 以 4cm 为间隔，在各个身高和胸围的组合中，人体体型表示中臀围尺寸为最高。

号型的种类以及名称

R	身高 158cm，普通（Regular）的缩写
P	身高 150cm，小（Petite）的缩写
PP	身高 142cm，比 P 更小的意思，用两个 P 表示
T	身高 166cm，高（Tall）的缩写

成年女子用衣料的尺寸

身高 142cm / 身高 150cm （单位 cm）

称 呼				5PP	7PP	9PP	11PP	13PP	15PP	17PP	19PP	3P	5P	7P	9P	11P	13P	15P	17P	19P	21P
体基本尺寸身	胸　围			77	80	83	86	89	92	96	100	74	77	80	83	86	89	92	96	100	104
	臀　围			85	87	89	91	93	95	97	99	83	85	87	89	91	93	95	97	99	101
	身　高			142								150									
参考人体尺寸	腰围	年代区分	10	61	—	—	70	73	76	—	—	58	61	64	64	67	70	73	76	80	84
			20		64	67				80	—										
			30																		
			40	64	67	70	73	76	80	84	61	64	67	67	70	73	76	80	84	88
			50																		
			60						88	64	70	73	76	80	84	88					
			70	67	70	73	76	80				67	70	73	76					92	

身高 158cm / 身高 166cm （单位 cm）

称 呼				3R	5R	7R	9R	11R	13R	15R	17R	19R	3T	5T	7T	9T	11T	13T	15T	17T	19T
体基本尺寸身	胸　围			74	77	80	83	86	89	92	96	100	74	77	80	83	86	89	92	96	100
	臀　围			85	87	89	91	93	95	97	99	101	87	89	91	93	95	97	99	101	103
	身　高			158									166								
参考人体尺寸	腰围	年代区分	10	58	61	61	64	67	70	73	76	80	61	61	64	64	67	70	73	76	80
			20																		
			30	61		64								64							
			40		64		67	70	73	76	80	84			67	70	73	76	80		
			50	64		67							—	—		73					
			60	—	—		70	73	76	80	84	88		—	70					—
			70	—	—	—	—	76				—			—				—	—

文化服装学院女学生参考尺寸

服装制作测量项目和标准值（文化服装学院　1998年）

（单位：cm）

	测量项目	标准值
围度尺寸	胸围	84.0
	胸下围	70.0
	腰围	64.5
	中臀围	82.5
	臀围	91.0
	臂根围	36.0
	臂围	26.0
	肘围	22.0
	手腕围	15.0
	手掌围	21.0
	头围	56.0
	颈围	37.5
	大腿围	54.0
	小腿围	34.5
宽度尺寸	肩宽	40.5
	背宽	33.5
	胸宽	32.5
	双胸点间距	16.0
长度尺寸	身高	158.5
	总长	134.0
	背长	38.0
	后长	40.5
	乳高	42.0
	前长	25.0
	袖长	52.0
	腰高	97.0
	臀高	18.0
	腰长	25.0
	上裆长	72.0
	下裆长	57.0
其他	上裆前后长	68.0
	体重	51.0kg